学会做人

田建国 乌燕添 刘文辉 / 著

山东教育出版社

图书在版编目（CIP）数据

学会做人／田建国等著．—济南：山东教育出版社，2015

ISBN 978-7-5328-8864-1

Ⅰ．①学…　Ⅱ．①田…　Ⅲ．①人生哲学—青少年读物　Ⅳ．①B821-49

中国版本图书馆CIP数据核字（2015）第136079号

学会做人

田建国　高景海　刘文博　著

主　　管：山东出版传媒股份有限公司
出 版 者：山东教育出版社
（济南市纬一路321号　邮编：250001）
电　　话：（0531）82092664　传真：（0531）82092625
网　　址：www.sjs.com.cn
发 行 者：山东教育出版社
印　　刷：山东德州新华印务有限责任公司
版　　次：2015年7月第1版第1次印刷
规　　格：710mm × 1000mm　16开本
印　　张：16.5印张
字　　数：187千字
书　　号：ISBN 978-7-5328-8864-1
定　　价：48.00元

立世德为首（代序）

今天，我们全面实施以德育为核心的素质教育，而确立德育在素质教育中的核心地位是教育理念上的一次深刻革命，它标志着我国在教育思想上有一个大突破、大提高、大飞跃，预示着一场深刻的教育改革正在兴起。

德育核心地位的确立，将促使我们重新认识教育功能和教育价值，教育价值的定位，要定在人的整体素质提高上，定在人的全面发展上；将促使我们必须将教育的视野从智力领域扩展到非智力领域，特别是要从传统的知识、专业、技能教育伸展到学生的精神世界，要更多地注重学生理想信念、道德人格和人文素质等方面的教育。笔者认为，德育应包括理想信念教育、合作精神教育、奋斗精神教育、人文素质教育和心理素质教育等等。

在经济全球化、科技全球化的背景下，我们要具有高屋建瓴的清醒、国家民族的危机感、时不我待的紧迫感、责无旁贷的使命感。

理想信念是我们团结奋斗、开拓进取的强大精神支柱和不竭的动力源泉，同样也是学生健康成长的航标和动力。当前，重要的是树立正确的世界观、人生观、价值观，用战略思维去分析和看待国际国内大环境。理想信念教育，主要解决对马克思主义的信仰、对共产主义和社会主义的信念、对共产党的信任、对建设中国特色社会主义的信心问题，引导学生树立为建设中国特色社会主义事业奋斗的政治方向和为人民服务的价值取向。

一切彻底的成功都是做人的成功，一切彻底的失败都是做人的失败。有德无才要误事，有才无德要坏事。

做人教育的核心问题是教育学生正确处理自己和他人、个体和客体的关系。21世纪的教育，不仅要使学生有知识、会做事，更要学会做人。我们做过毕业生跟踪调查，部分毕业生过分重视知识和技能的东西，而忽略了做人的根本，过分重视功利的东西，而忽略了情感和理想。用人单位一致提出，学生首先要学会做人，做人是做事的基础，人都做不好，难免做坏事。办学以人为本，做人以德为本，要成才，先成人。意大利诗人但丁有句名言：一个知识不全的人可以用道德去弥补，而一个道德不全的人却难以用知识去弥补。能力不足，责任可补。中国历史上强调做君子，德胜才是君子，才胜德是小人，德才兼备才是圣人，我们要把学生培养成有志有为、德才兼备的人，才是对理想、信念、责任的升华。在国际化社会里，每一点新鲜见识的增长均得益于全球知识渊博的学者之间的合作。今天的事业是集体的事业，今天的竞争是集体的竞争。

知识经济呼唤人的相容与合作。农业经济、工业经济人们崇尚的是个人奋斗的“单打”式的发展策略，知识经济则鼓励合作与交换的“网络”式的发展策略。我们处在竞争与合作共生共存的时代，更加强调与人相容，合作共处。在现代科技革命条件下，单枪匹马、孤军奋战很难有大作为。重大科技成果的获得者，往往是团体冠军，在集体中更能体现个人的价值。自己在科学上有成果是一种享受，但同时也要学会如何从别人的成就中获得乐趣。

物质贫困固然可怕，更可怕的是精神贫困。只有自强不息，顽强拼搏，人生足迹才会落地有声，才会真正实现人生价值，

奋斗精神教育主要指培养好强的个性、竞争的意识、不服输的精神和不断进取的追求。比如特困生的“物质扶贫”与“精神扶贫”问题，资助特困生，不仅是资助几个钱，更重要的是弘扬一种刻苦学习、发愤读书、立志成才、报效祖国的精神。苦难是一所学校。吃苦的经历是一笔取之不尽、不可多得的精神财富。物质贫困可以促使一个人发奋图强，改变自己的生存状态，并可以创造无比巨大的精神财富。

一个国家、一个民族，如果没有现代科学，没有先进技术，一打就垮；而如果没有优秀历史传统，没有民族人文精神，不打自垮。

人文素质，体现了一个人的思想道德素养。一定的思想道德观念总是以一定的文化底蕴为基础，一定的人文意识又总是蕴含着一定的价值观念。人文素质对一个人的思想道德素质的提高和发展起着重要的作用。文化基础和文化修养较专业知识在更深层次上反映人才的质量。中西文化的碰撞和古今文化的继承与发展，特别是中华民族优秀文化的传承与弘扬，要求有新的中国文化精神和理念来推动人的现代化。五千年中华文明史是一部取之不尽、用之不竭的生动教科书，对青少年将产生博大的精神力量、深刻的道德力量、巨大的感召力量。

人文素质教育是解决人的精神世界的问题，是如何做人的问题，是基础的基础。世界观、人生观、价值观的问题，德育和智育的关系问题，都要由人文社会科学来解决。诺贝尔奖获得者最多的

美国加州理工学院认为，自然科学最终只能提供知识，而不能提供智慧。智慧是知识和判断的综合，为了取得智慧，理工科学生必须要有人文科学的协助。居里夫人逝世时，爱因斯坦的纪念文章没有评述她两次荣获诺贝尔奖的成就，而是高度赞扬她追求科学真理的高尚品德，认为这种品德要高于具体的科学成就，这实际上是一种人文精神。加强人文素质教育，需要从人的综合素质和社会文化进步的高度，把知识的传授与道德精神的熏陶结合起来，促进科学教育和人文教育的融合，实现高情感与高科技联姻，人文气质与科学精神合璧，促使人追求自我完善，获得整体全面发展。

自信是人生成功的重要基石，而自卑则是人生第一大敌。天生我辈必有才，天生我才必有用。

心理素质属于人的自然属性，对于人的思想道德、智力开发、身体发育，都是一种基础性因素，都是一种物质基础。当代人最欠缺的是心理素质。具体表现是，自高不能得志，自卑不能自拔。因自我否定和自我拒绝而失去生活愿望和信心，因考试失败或恋爱受挫出现轻生和自毁的行为，因现实不理想而玩世不恭或行为放荡。据调查，高校20%的在校学生患有不同程度的心理疾患，主要是学习心理负担过重、人际交往障碍、青春期烦恼和升学就业中的困惑等心理问题。因此，要加强心理咨询机构的建设，普及心理健康知识，加强心理健康教育，帮助学生健全人格，提高心理健康水平，增强抵御挫折的能力。

（原载《人民日报》2004年4月9日　作者：田建国）

目　录

前 言

学会做人，是人生的必修课。习近平总书记讲，做人就像穿衣服扣扣子一样，如果第一粒扣子扣错了，剩余的扣子都会扣错。人生的扣子从一开始就要扣好。

世界气候变暖了，人心却变冷了。当下不少有识之士感叹道德滑坡，世风日下。道德底线屡屡被突破，人类最起码的本性良知都丧失了。就连老人倒下了是扶还是不扶，孩子被撞了是救还是不救，门前积雪是扫还是不扫，路有拾遗是交还是不交等这些原本无需思考的问题，竟成为许多人现实中两难的选择。

什么是道德底线？是传统文化深厚积淀，社会环境所容忍的程度。底线是不可逾越的红线、警戒线、限制范围和约束框架。底线一旦被突破，就会出现行为主体无法接受的坏结果，甚至导致彻底失败。从唯物辩证法的角度看，底线是由量变到质变的一个临界值，一旦量变突破底线，即达到质变的关节点，事物的性质就会发生根本性的变化。

所谓道德底线，就是守卫人类最基本的尊严，使人不敢沦落为禽兽的最后防线。人类文明共同的道德底线是尊重生命和公平正义。然而，近年出现的食品安全问题、官员腐败问题等，都是对道德底线的失守。与底线失守相联系的是一些人面对他人的苦难和需要时出现的道德冷漠现象。道德冷漠实质上是对恶的纵容，是恶的帮凶。

二战期间，有个发生在苏联红军攻克柏林时的感人故事：柏林城里的战斗越来越残酷，苏军与德军在每一条街道都进行了激烈的战斗，战况极为惨烈。

突然，在一条街道中间的废墟中传来孩子的哭声，是个德国小孩儿。此时，苏军与德军正在猛烈地互相对射，小孩儿随时都可能在战火中丧命。

就在这个时候，突然一名苏军士兵站起身来，径直地走向传来哭声的废墟。战友们立刻停止了射击，所有的枪口对准了前方，时刻准备用火力接应自己的伙伴。叫人意料不到的是，街对面的枪声也嘎然停止，德军也突然停止了射击。在双方黑洞的枪口下，这名苏军士兵默默地走到了废墟边，把孩子抱了起来，朝着街道边的一个安全掩体走去。

此刻，除了救人的苏军士兵那一步步缓慢而沉重的脚步声外，整个街道处于死一般的沉寂中。一位苏军的随军记者将这个感人的瞬间完整地记录下来。第二天，苏军士兵奥沙罗夫解救德国儿童的全套照片被印在传单上，从空中飘落下来，传单的题目是“柏林，请停止枪声！”当柏林市民看到传单时，不少人流下了感动的眼泪，一些化了妆装扮成平民的纳粹士兵也走出战壕，交出了武器。

奥沙罗夫成为英雄，许多媒体对他进行了采访。问得最多的一个问题就是：为什么在战场上，你敢于在枪林弹雨中去救孩子？

奥沙罗夫的回答十分简单质朴：“爱，会让枪声停止。”

对于爱的力量，他有自己的解读。他流着眼泪讲述了一个不为人知的真实故事。1941年10月，德军进犯莫斯科，遭到苏联人民顽强抵抗，战斗非常激烈。在通往莫斯科要道上，几名德国士兵警惕地举着枪，小心翼翼搜索前进。突然前方传来一阵汪汪的狗叫声。他们循声而去，只见一只小狗正趴在一个十五六岁、受伤的少年身旁，轻轻地舔着他的脸，然后转过身，发出急切的悲鸣。这时少年发现了身旁的德国士兵，惊恐万状，他用手指着小狗，然后又摇了摇头，最终不停地念叨。尽管听不懂对方的语言，德国士兵明白，少年是在乞求他们不要杀死小狗，而小狗依然不停地重复着刚才的动作，舔舔受伤的少年，不断发出悲惨的叫声。德国士兵也懂得，小狗是在乞求他们救它的主人。

几个德国士兵沉默了片刻，一声不响地绕过了少年和小狗……那个少年正是奥沙罗夫。

人性存在，人的良知便存在。冰冷的枪口、致命的子弹，都会在人性的光辉下退缩，人性的良知绝不会对爱举起屠刀，人与人也不会由于厮杀而泯灭心中的伦理底线。爱的伟大、人性的力量将跨越一切政治，这是因为在任何情况下，人永远是目的，不是手段，自然也绝对不是实现国家或某个利益集团的目的手段，就像环境问题一样，生活在这个环境中的人们都有责任保护这个环境，生活在这个社会中的人们也都有责任担当这个社会的道德底线。所谓人性的道德担当，就是最大限度去彰显和弘扬人性中真善美的一面。每个人都应该有真善美的人性担当，努力弘扬人性道德光辉。

由于惯性思维，许多人仍然没有跳出由情绪左右的误区。人类最宝贵的是生命，对于美国“9·11事件”，有些国外游客看到几千无辜的生命从此烟消云散，不给予同情，却拍手称快，虽想表达的是对美国霸权主义的愤慨，但仍然证明心中失去了最基本的价值标准和价值判断。

一个人的真实道德和信仰不能从一些道德律令原则中推演出来，因为它是以个人感悟为基础的。由此引申，一种人们“共享”的普遍伦理，对于我们的社会生活来说，不仅是需要的，而且是必需的。

这应该是一种人性担当。所谓人性担当，就是最大限度去彰显和弘扬人性中真善美的一面。人的社会性特征决定人的所有社会行为都是基于物质与精神的平衡。关键哪种力量是主导，朝什么方向推进，作为社会成员，作为青少年，每个人都应该有真善美的人性担当，努力弘扬人性道德光辉。

人生的担当，不仅能让我们沉淀起人生丰厚的精神财富，更能建立起长久的发自内心的快乐幸福。

不管时代和环境如何变迁，总有一种令人尊敬的品质和人格的力量，使我们超脱这个时代的喧哗和浮躁；不管世界多么复杂多元，总有一种高洁的灵魂和简洁的追求，唤醒我们沉睡的心灵，让我们的心灵充满感动和温暖，引导我们重新思考和返璞归真。

反思起来，我国现今的道德教育忽视了优秀传统文化教育，忽视了做人教育。我们不能片面认为，只有今天提出的观念、口号才是最先进的教育内容，而古人提倡的都是陈旧过时的。像忠、孝、仁、义、礼、智、信这些做人的道德并没有过时，对今天的做人教育，也是很有帮助的。

爱因斯坦有句话令人难忘：“用专业知识教育人是不够的，通过专业教育他可以成为一个有用的机器，但是不能成为一个和谐发展的人。”戴安娜王妃多次对她的长子威廉说：“你在成为王子之前，首先要成为一个人。”曾经，美国一名记者问李嘉诚先生成为华人首富的原因，李嘉诚用两个字回答——气概。气概是什么？气概是一个人的格局，一个人的高度。这名记者再问李嘉诚：“这种气概是怎么培养出来的？”李嘉诚先生感叹：“儿童时期学的《三字经》《千家诗》《诗经》《老子》《庄子》等，这些知识弥足珍贵，令我终身受益！”初中毕业的李嘉诚能够成为大企业家、大慈善家，与他小时候的精神“喂养”密不可分。

中国古代四书之一的《大学》提到：“大学之道，在明明德，在亲民，在止于至善。”美国哈佛大学文理学院院长哈瑞·刘易斯说过，大学是为公共利益而建的，发展道德和智力是大学的主旋律。可见，大学担负着发展知识和提升道德的双重使命，既要帮助学生发展知识和能力，更要帮助学生提升素质和境界，使学生学会做人，做真正的人，做高尚的人。如果我们造就的只是失去灵魂的卓越，培养的只是精致的利己主义者，那将不仅是大学的失败，更是社会的悲哀。

做人，是中国传统文化中最重要的伦理道德观念，反映了一个人为人处事、待人接物的态度、原则、智慧和品格。我们要在全社会深入开展做人教育，重点是学校，从小学到大学循序渐进开展教育。小学侧重道德认知、道德习惯，中学侧重行为规范、行为养成，大学侧重社会责任、公益志愿，即进行系统的道德理论教育，广泛开展道德实践活动，坚持不懈、扎实深入地开展做人教育。

总　纲

一、认识做人内涵

汉字中“人”字最好写，但现实中“人”字却最难写。因为“人”字大如天。“大写的人”应当具有健全的人格，表现出好品行、好修养、高智商、高情商和高灵商，具备基本素质：孝顺、善良、包容、真诚。我们应当怎样做人，做什么样的人？这是人生永恒的主题。

做人就是依据一定的社会规范，按照他所承担的社会角色恰到好处地做人做事。道德规范是最基础的做人标准。在道德规范下，每个人形成了道德理想和道德良知。有道德理想就会知道什么是光荣，应该去做什么；有道德良知就会知道什么是耻辱，不应该去做什么。学会做人要坚守道德良知，守住人类道德底线，守护灵魂深处净土，守望人性本质光辉。

良知是为人处事的根本。近年来，我们看到的食品安全、环境污染、腐化堕落等一系列严重问题，一再触碰社会良知的底线，不断拷问着人们的心灵。坚守良知，不需要你有过人的才华，不需要你有远大的志向，也不需要你有不同凡响的能力，它是做人做事的基本准则。越是受过良好教育的人，越是有抱负的人，越是应该自觉主动、矢志不渝地捍卫良知。这是作为社会公民的基本责任，也是生活和生命的意义所在。

在中国人看来，人生在世做人是第一位的。我们祖先早在几千年前就认识到做人道德的重要。甲骨文中就有“德”字，其后金文中出现了“道”字。明代思想家吕坤说：“深沉厚重是第一等资质，磊落豪行是第二等资质，聪明才辩是第三等资质。”把深沉厚重排在第一等，是因为它体现的是正理德性，厚德厚道，核心就是做人。《资治通鉴》指出，才是德的基础，德是才的统帅，德才兼备是“圣人”，无德无才是“愚人”，德胜才是“君子”，才胜德是“小人”。

中国古代先哲对道德的论述，最早可追溯到老子所著《道德经》。老子说：“道生之，德畜之，物形之，势成之。是以万物莫不尊道而贵德。道之尊，德之贵，夫莫之命而常自然。”其中“道”指自然和社会运行规律，而“德”是指人的德性、品行。道德具有认知、教化、调节、引导等功能，与社会的政治、经济、文化等有密切关系。道德作为一种社会意识形态，代表着社会的行为标准和价值取向，用这种行为标准和价值取向判断是非曲直，调整人与自然、人与社会以及人与人之间的关系。

春秋时期鲁国大夫叔孙豹的“立德、立功、立言”三不朽之说，对后世产生了很大影响。“立德、立功、立言”是中国传统伦理人生价值观的核心内容，立功、立言以德为基础又体现立德，如何立德、立功、立言，实际上就是如何做人、做事、做文。弄清三者关系，把个人道德修养作为所有德行的基础，可以为解决当下的人生和社会问题提供条件。

古今中外优秀人才成长表明，做人是魂，做事是根，做人是主导，做事是基础。做人是价值理性，做事是工具理性。做人是方向目标，做事是方法手段。做人强调的是三观：人生观、价值观、世界观。做事关注的是三力：创造力、分析力、领导力。做人的形容词是：自由、快乐、幸福。做事的度量词是：成绩、成功、成就。一切成功是做人成功，一切失败是做人失败。做人成功，不成功是暂时的；做人不成功，成功也是暂时的。有位著名企业家讲，人都做不了，还做什么事？只能做坏事，只能害人。有位著名艺术家说，三分演戏七分做人，这是饱含哲理的至理名言。

当一个人全面履行了自己道德责任时，就会被人们认为“会做人”，如果违背了自己道德责任时，就被人们认为“不会做人”，自己也觉得“丢人”。如果一个人和道德规范背道而驰，就会被人们指责为“不是人”，是衣冠禽兽。

在中国，做人是一门大学问，是贯穿人生的一大主题，也是对人进行道德评价的一个根本尺度。如果一个人不会做人，不忠不孝，不仁不义，势必成为国人不耻的败类。

人生天地间，做人自当尽人道。当一个人全面履行了自己的道德责任时，就被人们认为“会做人”。如果违背了自己的道德责任，就被人们认为“不会做人”，自己也觉得“丢人”。如果一个人和道德规范背道而驰，故意对着干，就会被人们指责为“不是人”。

中国历来没有上帝这一说，靠的是儒家教育，是孔子的教育把中国人几千年的道德维持下来了。中国人提倡的做人准则是助人为乐、与人为善，先天下之忧而忧，后天下之乐而乐。就是这些铭言一代一代传递着，教化着，使中华民族能够自立于世界民族之林。

但目前，我国忽视了中华传统教育，忽视了做人教育。在全世界所有国家中，我国可能是对学生进行德育用时最久，开设课程最多，投入最大的国家，然而取得的效果并不尽如人意，可以说是事倍功半，投入和产出很不成比例。反思起来，我们在学生道德教育中一个很大的缺失，就是忽视了中华传统文化教育，忽视了做人的教育，忽视了现代社会中文明交往方式的教育。

今天我们在世界各地创办了几百所孔子学院，而国内的学生和干部却不读孔子、老子，不了解《论语》《道德经》，这是非常荒唐的，我们对群众灌输了一大堆关于政治观、世界观、人生观、价值观等方面的大道理，但却不懂得人际交往的基本规则，不知道如何对待父母、对待师长、对待领导、对待朋友。

因此，我们要发挥中华传统文化在维系社会良好秩序中的重要作用。通过充满人性光辉的古典文化教给青少年仁义礼智信、温良恭俭让。告诉青少年做人最起码要有仁爱、忠义、礼和、睿智、诚信这五种基本的道德品质，还要具有温和、善良、恭敬、节俭、忍让这五种美德。让道德教育成为知识学习的过程，又成为一个人性格、道德、理念形成的过程。

重视做人，不仅要强调传承优秀传统文化，也要注重汲取外来文化的有益养分。中西文化不是对立的，在世界各地已经有千家孔子学院和孔子课堂，联合国大厅挂着一幅字：己所不欲，勿施于人。世界在学习中国，我们也要有胸襟学习西方文化中的质疑精神、创造精神等，拿别人的优点为我们造翅膀，从而比别人飞得更高。

二、理解做人为本

一个人做人做事都是相通的，但做人为本。学会做人是立身之本，学习知识、掌握知识只是服务社会的手段。前者的学习是根本性的，后者的学习是工具性的。重智轻德，忽视人的思想品德塑造，必然导致人的片面发展。按照片面发展理念培养出来的人，必然是有智商，没有智慧；有知识，没有文化；有才能，没有修养；有欲望，没有理想；有目标，没有信仰；最终是有青春而没有热血，这将是十分危险的。

我国某大学一位著名教授在研讨会上语惊四座，他说："我们的一些大学，包括北京大学，正在培养一些'精致的利己主义者'，他们高智商，世俗，老到，善于表演，懂得配合，更善于利用体制达到自己的目的。这种人一旦掌握权力，比一般的贪官污吏危害更大。"

做人道德的修养，人生理想的建立对人的一生太重要了。我们的教育太注重智力的培养，偏离了塑造人格灵魂的目标。

一个人品德不好就是危险品，是对社会的潜在威胁。要成才，先成人，不成人宁无才。有德无才要误事，有才无德要坏事。成小事要靠业务本领，成大事要靠思想品德和综合素质。一位外国企业家讲过，当前的国际金融危机，不是由"笨"孩子造成的，而是由"聪明"孩子造成的。当他们基于贪婪而不是基于道德准则行事的时候，他们可以比任何人都危险。道德人格、思想品质比专业技能学习，谋生手段训练，竞争能力培养更重要。一个堂堂正正的人可以做好任何事情，一个工具化的人只能机械地完成一件事。人品第一，学问第二；文品第一，文章第二。

现代社会发展告诉我们，今天危及人类生存的问题，没有一个是工具理性不够发达造成的，相反，它们的根源都是价值理性问题。价值理性的贫乏已经严重威胁到人类的存在。如果回避价值理性，依靠工具理性，必然导致功利人生：重视现实，轻视理想；热衷功利，漠视义理；专注个人，忽视社会；关注物质，鄙视精神；趋附感性，拒斥理性。其结果必定是做人的残缺，社会的倒退。

有些大学毕业生到银行工作，拿着别人的钱搞到自己账号做证券生意，高达几百万，这是高科技犯罪，计算机犯罪。我们有的学生在校期间还算是优秀学生，计算机很优秀，做人不优秀，世界观不优秀，最终走上了犯罪道路。

有些毕业生，被中外合资企业炒鱿鱼，不是因为他专业能力不行，而是品德修养不足。千万不要以为你专业能力强就可以一俊遮百丑。

有个在德国的留学生，学习很优秀，毕业后在德国到处都找不到工作，很纳闷不服气，后来问人家原因，人家告诉他：根据我们查到你的情况，你在德国乘坐公共汽车有三次逃票记录。

我们做过大学毕业生跟踪调研，用人单位一致反映大学生首先要做人，做人是做事的基础。

有一个老木匠，做的家具特别好，找他打家具的人特别多，总是忙不过来。有人见他做抽屉时，把抽屉的背面、底部都刨得平平整整，说："这里面又看不见，为什么这么认真？"老木匠笑着说："这我知道。"旁人感叹道："他靠的不仅仅是技术啊！"常常有人认为怀才不遇，是否可问："我们是靠什么做事的？"

开国元勋陈毅元帅讲，空军飞机员飞行技术不好不行，但飞行技术很好，一飞就飞到敌人那边去了，更不行。无能不行，无德更不行，才高而缺德是灾难。要成才先成人，不成人宁无才，有德无才要误事，有才无德要坏事，成小事靠业务本领，成大事靠思想品德和综合素质。

现在出问题的青少年大部分不是因为智力因素而是非智力因素。将来学生到社会不能成才，固然有能力不够的原因，但也有相当一部分是因为思想品德问题。不会团结，不能与别人合作，他就是有再大本事也没用。现代社会，人多学点知识，少学点知识，多读几本书，少读几本书，对其发展、成功、成才没有决定性影响，但人生观发生偏差，做人理念缺失，将毁坏人的一生。一个大写的“人”字，一“撇”加一“捺”，其实就是品德加才智，两者缺一不可。要成人就要立德，要具有理想信念、公民素质、健全人格。

有一位先生说，我这一生和各种各样的人打过交道，但是到目前为止，还有两种人没有认识清楚。一种是好人，一种是坏人。后来我考虑，这真的是至理名言，我们生活中谁是好人？谁是坏人？生活当中一坏到底的人可能很少，往往是一失足成千古恨。生活中纯粹的好人、纯粹的坏人都是极少数，绝大多数人都是不好不坏的，所以儒家才强调人的向善性。

儒家思想的一个重要特点是劝人向善，而不是说人已经是善的。比如孔子思想，它一方面强调君子和小人的区别，另一方面让人向君子方面努力，“君子坦荡荡，小人常戚戚”，“君子和而不同，小人同而不和”。孟子就更自觉了，他给人定了一条理想的标准，高标准是“人皆可以为尧舜”，每个人都不要放弃自己的人生理想；孟子还给人定了一条伦理底线“人之所以异于禽兽者几希”，我们每个人和禽兽的区别就那么一点点，要好好守护，否则一不留神就变成禽兽了，只要我们咬咬牙一坚持，就变成君子了。好多腐败分子落网后回忆时，许多坏事都忘掉了，但他做的第一件坏事会记得很清楚。有专家研究，改革开放以来腐败频率研究，其中就提到了腐败分子对第一次腐败的深刻印象。人与禽兽之分，按照孟子的解释，人是什么，人是在禽兽与舜尧之间挣扎的动物，所以人要好好地思量自己，如何做人。

国内一项大型权威调查提出，现在社会对大学生要求，第一就是思想道德素质和奉献精神；第二是获取知识、发现解决问题能力和业务知识水平；第三就是社会经验和实践能力。从企业的反映看，企业对大学生总体评价是肯定的，如外语和计算机水平高，知识面开阔，思维活跃，但也提出了很多意见和批评，反映大学生问题说的能力有余动手实践能力不足。但更多意见是思想品德上的：一是自我中心主义，唯我独尊，不善于与人协作共事；二是心态浮躁，不愿意到生产和销售第一线，只想在办公室搞管理，到实验室搞科研；三是缺乏对企业的忠诚，动不动就想跳槽，只认收入，也不管事业上是否有前途，不顾企业对自己培养付出的心血；四是缺乏意志力，工作中遇到难题不是迎难而上，而是知难而退，回避矛盾，把难题扔给别人。有位外企主管说，现在大学生的责任感和专业能力不适应国际化企业的要求，已经影响到他们管理人才本土化战略。

“9·11事件”是一场灾难。“9·11事件”中发生了三件事，都可以让我们从中看到精神和道德的力量。

第一件，世贸大楼顶部被飞机撞击后，烈焰奔腾，形势千钧一发。楼上的人们通过绿色通道向下逃生的时候，并不特别慌乱。人往下走，消防队员往上冲。互相让道，并不冲突。老人妇女儿童下来时，大家都会自动让出一条道来，让他们先走，甚至还给一条宠物小狗让道。

第二件事，“9・11事件”的第二天，世界就知道这是阿拉伯恐怖分子所为。一些阿拉伯商人也受到袭击。这个时刻，有相当一批美国人自发地组织起来，到阿拉伯人的商店、饭馆为他们站岗，到阿拉伯人居住区巡逻，阻止悲剧的进一步发生。

第三件事，在美国宾夕法尼亚坠毁的那架767客机，本来是要撞向白宫的。后来机上乘客与恐怖分子搏斗，才使飞机坠毁。因为当时他们已经知道世贸大楼、五角大楼被撞的消息，他们决定，不能无所作为，要和恐怖分子进行殊死斗争。即便是在这种紧急情况下，他们还做了一件事：决定投票通过，是不是要和恐怖分子作斗争。在这么一个生死攸关的时刻，都不把自己的意志强加给别人。

三、懂得做人道理

做人道理是一门学问，有许多经典、实例、楷模，有一套循序渐进的做人标准。第一步，做好人和善人，不要做坏人和恶人。第二步，做君子，不做小人，就是做有学问有道德的人。第三步，做志士仁人。志向远大、胸怀天下、意志坚强，也就是今天我们所说的英雄模范人物。第四步，做圣人贤人。具有大智大德、大义大勇，担当大任、成就伟业、治国兴邦、造福天下，成为能立德、立功、立言，流芳千古的伟大人物。具体讲，大公无私是圣人，公而忘私是贤人，先公后私是善人，公私兼顾是常人，私字当头是小人，假公济私是痞人，以公肥私是坏人，徇私枉法是罪人。根据做人道理，我们应当提升常人，提倡善人，学习贤人，向往圣人。

善与恶，这是检验道德的一个分水岭，也是观察人的第一条底线。考察人的第一个标准，就是分清是善人还是恶人，是好人还是坏人，是君子还是小人。如果是一个恶人、坏人、小人，本事再大也不能用。

好人的标准是与人为善，向善、求善，助人为乐，诚信为本。好人的境界不是你得到了什么，而是你付出了什么；不是你个人的贫富荣辱，而是国家的盛衰兴亡；不是智商学历和才干，而是善良、诚信、正直。伟大音乐家贝多芬说，没有一个善良的灵魂，就没有美德可言。

现实生活中，好人的标准体现在：从行为规范看，当学生不考试作弊，当学者不抄袭剽窃，当包工头不偷工减料，当商人不假冒伪劣。从社会角色讲，做一个病人的好医生，学生的好老师，学校的好学生，人民的好公仆，妻子的好丈夫，母亲的好儿子，孩子的好父亲。这些标准听起来并不高，真正做到并不容易。比如，什么叫好老师？好老师不仅要让自己成才，还要让学生成才，让学生超过自己的老师才是好老师。什么是好干部？不仅自己成功，让周围人跟着一起成功的才是好领导、好干部。什么是好企业家？不但自己赚钱，还使与自己合作的人都赚钱，才是好企业家。

在市场经济这个充满矛盾冲突的舞台，几乎每个人都不可能不受到影响和干扰，有的人可能从中受益，自然也就有受害者，而危害最大和最可怕的是那些带着正面人物面具而心术不正的小人、恶人。随着市场经济的成熟、文明的进步，善人、好人会越来越多，但决不都是清一色的正面人物。在这个舞台上，有正人君子，也不无小人恶人，各自进行表演，相互进行较量。

我们在人生经历中，不少人都遇到过小人、恶人。恶人不会把人往好处想，而是把人往坏处想。小人不希望别人过得好，总希望别人出事，他们政治嗅觉极为敏感，特别善于发现别人的问题。在这个世界上，有君子就有小人，有善人就有恶人，我们不可能让小人和恶人绝迹，但对他们必须高度警惕，严加防范，严加提防，决不能放纵他们，尤其不能让小人得志，让恶人得到重用。

简言之，做人四个层次标准，好人、君子、伟人、圣人。好人把自己的一生留在人们的口碑里，君子把自己的人格留在人们的故事里，伟人把自己的功绩留在人们的记忆里，圣人把自己的形象留在人们的灵魂里。

如何成为好人、君子、伟人、圣人？如何成为受社会和人们欢迎的人？1. 守信，遵守自己的承诺。2. 宽容，宽容别人的过失与不足。3. 幽默，与别人分享快乐和带来快乐。4. 学识，能给别人提供一些有用的见解。5. 礼貌，懂得基本的待人接物的礼仪，彬彬有礼。6. 倾听，关注别人的表达。7. 同情，有一颗慈善的同情心。8. 关爱，关爱他人心。

四、实现做人境界

学会做人，重要的是实现崇高的人生境界。境界，并非虚无缥缈，更非遥不可及。境界的提升，就在你的身边，就在点点滴滴，就在每时每刻，就在你的每一次选择。

境界，即是如何做事，更是怎么为人。境界就是你的人生目标，就是价值观念，就是生活态度，就是你生命旅途中的每一个脚印。境界体现在人生选择上，不是舒适安逸，不是名利地位，而是超越自我，胸怀天下的价值追求，是勇于担当，志在四方的人文情怀。

境界不是你得到了什么，而是你付出了什么；境界不是你个人的贫富荣辱，而是国家民族的盛衰兴亡；境界不是你的智商、学历和才干，而是你的善良、诚信和正直。境界的提升，是一个人加强内在修养，不断战胜自我的过程，需要从我做起，从现在做起。

人生有四个层次境界。第一个层次，做能够自立的人，帮助自己做事；第二个层次，做有情义的人，帮助熟悉人做事；第三个层次，做有道德的人，帮助陌生人做事；第四个层次，做有信仰的人，帮助国家、民族乃至世界做事。四种境界回答同一个问题：这辈子为谁而活？

人生追求的最高境界是，心灵的自由和美好。少年时多一些幻想，青年时多一些尝试，中年时多一些淡定，老年时多一些厚重。世界文豪托尔斯泰曾说过："凡是以追求自己的幸福为目标的人，是坏的；凡是以博得别人好评为目标的人，是脆弱的；凡是有以使他人幸福为目标的人，是有德行的。"

冯友兰先生提出过著名人生四境界学说。最低是自然境界，高一点的是功利境界，再高一点的是道德境界，最高是天地境界。人与动物一样，延续种族后代存在，这是自然境界；人还有功名追求，建功立业，出人头地，这是功利境界；不仅要知道为自己好，还要知道为别人好，这是道德境界；与大自然融为一体，全身心投入奉献，这是天地境界。

这四种人生境界中，自然境界、功利境界的人，就是现实的芸芸众生；生活于道德境界的人是贤人，生活于天地境界的人是圣人。成为圣人就是达到做人的最高成就，也是人生的最高境界。积极的人生境界，具体讲，主要体现在以下几个方面：

一是精神境界。人之力莫大于心。思想是软资源，精神区位是最大的区位优势。精神家园是人自身生命活动的创造物，在这个精神家园里，人自由自主地养育着自己的精神情感，丰盈自己的精神生命，涵厚自己的精神品格，提升自己的精神品位，引领着生命走向高尚和完美、崇高和神圣。精神境界包括四个方面：一要有理想；二要有信仰；三要守道德；四要讲操守。

二是工作境界，有四层：一是谋生，人首先要解决吃饭问题，有一份工作生存，这是工作的基础阶段。二是事业，当吃饭不是问题，工作慢慢成为事业，变成精神上的追求和成就感之源。三是快乐，工作着是快乐的，感到工作充满乐趣。四是忘我工作，自己完全和工作融为一体，工作已是生活和生命不可分割的组成部分。

工作境界最重要的体现在责任和奉献上。既要讲责任，又要讲奉献。工作有责任心，能使平凡的工作变得意义非凡；勇于承担责任才会被机会垂青；责任心不强，是成功的最大敌人。如何才叫工作有境界：以追求事业的态度和精神工作，以研究学问的态度和精神工作，以寻求乐趣的态度和精神工作，以坚守阵地的态度和精神工作。衡量工作境界，不光看责任，还要讲奉献。奉献还是索取，为公还是为私，是伟大和平凡、崇高和渺小的分界，也是有无工作境界的试金石。人是社会关系的总和，每个人不断地从别人那里获得生存的条件，也要通过自己的奉献为别人创造获得美好生活的条件。利他者利己，助人者自助，为社会奉献不但是公众利益的最大化，同时也是自我价值的最大化。

三是社会境界。人是社会的人，人生活在各种社会关系中，无时无刻不与人相处，所以有一个社会境界的问题。要学会感恩，要保持宽容心，要学会欣赏别人，要助人成功。

四是生活境界。人生活在社会中，要有平常心，要持平淡之欲、要做平淡之人，伟大源于普通，神圣孕育于平凡。

五、学会做人做事

学会做人是人生的第一课，也是必修课，正像习近平总书记所讲，做人就像穿衣服扣扣子一样，如果第一粒扣子扣错了，剩余的扣子都会扣错。人生的扣子从一开始就要扣好。

学会做人是人生永恒话题，因做人的学习不可能一劳永逸。一个人如何做人，上学时解决了，不等于走上工作岗位解决了；今天解决了，不等于明天解决了；一个人一辈子都有一个怎样做人的问题。

学会做人，就是要明大德，守公德，做一个高尚的人，一个纯粹的人，一个有道德的人，一个脱离了低级趣味的人。

人做每一件事都离不开人的品格，离不开情感、意志、真诚、热爱、友善、合作等品格修养。知识是成功的因素之一，但不是成功因素的全部。在许多情况下，品格是更为重要的因素。跌倒了是失败，爬起来就是成功。爬起来当然需要知识，但首先需要的是品格和意志。现在跌倒了就永远爬不起来，遇到一点挫折就轻生、自杀的现象屡见不鲜，其中不少还是高学历者，这不是足以发人深省吗？

首先，要独立做人。独立人格，是做人的核心品性，它来自于独立的思路、大胆的质疑和批判性思维。现在越来越多的人是大学文化水平，但这并不意味着我们所熟知的知识和认识都是对的，我们要学会质疑，勇于挑战，破山中贼易，破心中贼难。敢于质疑挑战，就迈出了不唯书、不唯上、不从众的第一步。在创新道路上，独立思考比追逐名利更重要，批判思维比人云亦云更重要，大智慧比小聪明更重要，我们要坚持质疑重于聆听，反思高于理解，超越高于适应，直觉重于逻辑，体验高于经验，自由高于创造。

第二，厚道做人。厚道，就是要心地单纯，化复杂人生为简单处世；厚道，就是要心存善良，宁可人负我，绝不我负人；厚道，就是要心向美好，为人少栽刺，处世多栽花。地基愈厚，愈能负重；河床愈厚，愈能纳深；人性愈厚，愈能受重。大地不厚，承不了山川海岳；人心不厚，就得不到道义情义；一个人厚道再加睿智，可走遍天下，可立天下！我们不做碌碌无为的平庸者，更不做狡猾奸诈的小人；要做一名持守良知的君子，做一个有良好德行的大写的“人”。

第三，公道做人。要胸襟坦荡，重品行，把好“欲望关”。对丰厚的利、妩媚的色、华丽的衣、可口的食，要有鉴别力、免疫力。要做一个立身不忘做人之本，对国家、人民的利益忠诚的人，时刻牢记国家和人民的利益的人；要做一个对得起父母、对得起人民、对得起国家的人。勇担责任，处处怀揣感恩之心。

第四，地道做人。学历，是知识学习时间的量度；学位，是知识学习的标度。这种量度和标度是一时的光鲜，不是今后乃至永远值得夸奖和自满的资本。不断学习，才是智慧，才是获得精神充实的无价财富。做人，做一个地道的人，才是别人和社会对你评判的永久根本；财富，只是一时的朋友，而拥有朋友，才是拥有了永久的财富。

没有清醒的头脑，再慢的脚步也可能会走歪；没有谨慎的步伐，再平的道路也会跌倒。要留下人生足迹，就必须一步一个脚印。

既要做好人，还要做成事。

要善于做事。世界上的事都是干出来的，成功从不眷顾不思进取、坐享其成者。做事不是纸上谈兵，“空谈误国、实干兴邦”。事无大小，我们希望做大事，更要善于做小事，善于把有意义的小事做好。蒋梦林先生说：“所谓能思者，养成清楚之头脑，并有肝胆说出其思想。所谓能行者，做事担得起责任，把肩膀直起来，万斤担子我来当。”

要踏实做事。梦在远方，路在脚下，机遇永远留给有准备的人。“宝剑锋从磨砺出，梅花香自苦寒来。”成功的人之所以能够成功，就是因为他们锲而不舍，驰而不息，抬头做人，低头做事，吃得了苦，受得了累。同时也能够坦然面对成功与失败，拥有“不管风吹浪打，胜似闲庭信步”的胸襟与气度。

要勇于做事。勇于做事就是要牢固树立进取意识，有敢为人先的锐气，有上下求索的执着，勇于接受挑战，勇于创新，开风气之先，超越自己，超越前人，力争有所突破、有所发展、有所建树。勇于做事还指要放低自己的姿态，敢于低头，谦虚好学，博采众长。低头不是自卑，也不是怯弱，而是一种素养，只有勇于低头，才能认识到自身的不足。

第1讲

做人要有理想信仰

习近平总书记突出强调，对马克思主义的信仰，对社会主义和共产主义的信念，是共产党人的政治灵魂，是共产党人经受住任何考验的精神支柱；如果理想信念不坚定，不相信马克思主义不相信中国特色社会主义，政治上不合格，经不起风浪，这样的干部能力再大也不是我们党需要的好干部。他指出，理想信念是共产党人精神上的“钙”，没有理想信念，或理想信念不坚定，精神上就会“缺钙”，就会得“软骨病”，就可能导致政治上变质、经济上贪婪、道德上堕落、生活上腐化。

理想是人生奋斗的目标，是人们对未来的向往和追求。理想一旦形成，就成为行为的内在推动力，激励人们朝着一定方向从事相关实践活动。一个人一旦树立了符合社会需要的理想，就会为实现这一理想而奋斗；反之，则会浑浑噩噩，虚度一生。理想不但体现人们的意图、愿望和志向，而且决定人们对事物的态度和行为方式，甚至会影响国家民族的命运。

理想与信念和世界观有密切关系。信念越坚定，世界观越稳定，理想的形成就越迅速，理想的追求就越坚决，理想实现的可能性就越大。

理想信念是人生之帆，决定人生的航向，关系人生前进的动力。一个人如果没有理想，就好比船没有帆一样，这样的人生只能是随波逐流，不可能到达成功的彼岸。理想信念是人生精神支柱，是思想和行动的总开关。今天我们讲的理想信仰，就是要确信中国特色社会主义一定能够成功，确信中国梦一定能够实现。

我们党从诞生之日起就把马克思主义写在自己的旗帜上，把实现共产主义作为最高理想。马克思主义、共产主义信仰是共产党人的命脉和灵魂。“革命理想高于天”，这句话生动反映了崇高信仰对我们的巨大激励和鞭策作用。

理想动摇是最危险动摇，信念滑坡是最致命的。我们国家是用共同理想维系社会、维系国家的，如果没有共同理想，就是一盘散沙。

现在，信仰缺失是一个需要引起高度重视的问题。在一些人那里，有的以批评和嘲讽马克思主义为“时尚”、为噱头；有的精神空虚，认为共产主义是虚无缥缈的幻想，“不问苍生问鬼神”，热衷于算命看相、求神拜佛，迷信“气功大师”；有的信念动摇，把配偶子女移到国外、钱存在国外，给自己“留后路”，随时准备“跳船”；有的心为物役，信奉金钱至上、名利至上、享乐至上，心里没有任何敬畏，行为没有任何底线。

当前，在一些人中出现的种种问题，追根溯源是由于动摇和丧失了理想信念。只有理想信念坚定，用坚定理想炼就“金刚不坏之身”，我们才能在大是大非面前旗帜鲜明，在风浪考验面前无所畏惧，在各种诱惑面前立场坚定。

有人小学立志当科学家，中学渴望进个名牌大学，大学毕业后无非是想将来当个白领。工资高一点，工作环境好一点，有一套好房子，有一个好家庭，足矣！人讲现实无可非议，但人还是要生活在理想之中，要有人生目标和追求。

回顾当年的黄埔军校，培养了很多军事精英，其中一个非常有趣的现象是，在黄埔军校学得最好的，最受蒋介石器重的人，没有跟国民党走，而是跟了共产党。什么原因？就是他们心里有崇高的理想、梦想、追求。

我们今天面临着各种各样的诱惑，没有崇高的追求，没有梦想，这是十分可怕的。我们经过几十年的大发展，物质很丰富了，可是我们的心灵枯竭了，精神空虚了。

开国元勋贺龙元帅的女儿贺捷生老人发表过一篇文章名叫《今天说信仰为何变得沉甸甸》，文中说："50年前，我在北大读书，那时我们也谈理想，也谈信仰，当时我们的中心话题是：报效祖国，尽快完成学业投身建设社会主义的强大中国。我们的青春同朝气蓬勃的新中国一样，时时都充满向上的活力，而50年后的今天再谈信仰，为什么突然变得沉甸甸的？""在有些人看来，在今天这样一个价值多元的年代，我们谈理想谈信仰，似乎很不合时宜，而在我们这代人看来，信仰不仅是理念和精神，更是人生的指南和人生的最高追求。"

坚定理想信念是由当前严峻复杂的社会形势决定的。当前严峻复杂的社会形势可以用"两个竞争""两个长期""三个时期""四种趋势"概括。

所谓"两个竞争"，一个是我们要面对激烈的政治竞争，就是看谁的制度更有生命力，谁的政权更加巩固，哪个主义更受人民拥护，哪个政党更有凝聚力；另一个是要面对激烈的文化竞争，就是看谁的思想文化更有吸引力，谁的价值观念更能广泛传播，哪种生活方式更符合时代潮流。

所谓“两个长期”，一个是我国要长期面对发达国家在经济、科技上占优势的压力，另一个是我国要长期面对西方敌对势力对我国实施西化、分化的战略图谋。

所谓“三个时期”，即人民群众内部矛盾凸显期，刑事犯罪高发期，对敌斗争形势复杂期。

所谓“四个趋势”，即境外对境内的影响越来越大，网上虚拟世界对现实社会的影响越来越大，非政府组织对群众的影响越来越大，非传统安全问题对国家安全和社会稳定的影响越来越大。

坚定理想信念是由改革开放的形势决定的。改革开放以来龙去脉，我国取得了巨大成就，但头脑要清楚，要有忧患意识。

改革开放以来，成就巨大的标志是我国已经是世界第二大经济体了，GDP总量稳居世界第二，但具体分析，面临着四个尴尬。第一个尴尬是离第一差距太大，我国GDP 7万亿美元，只有美国的一半。第二个尴尬是只比第三名日本的6万亿美元多一点点。第三个尴尬是我们现所计算的GDP是指国内生产总值，如果按照国际生产总值计算，中国很可能就不再是第二了。因为日本的企业基本上都是国际化的，日本的汽车造到世界每一个角落，如果把国外生产总值也加起来，日本一定会超过中国。第四个尴尬是，如果按人均GDP，被13亿人口一除，就排在世界100位之后了。

实际上，我国已经进入中等收入国家行列。从20世纪60年代以来，世界上许多国家陆续进入中等收入国家行列，但公认比较成功地走出“中等收入陷阱”的国家只有三个：新加坡、韩国、爱尔兰。这三个国家没有一个国家是大国，所以要很好地走出“中等收入陷阱”，我们还有许多事情要做，还有许多难题摆在我们面前。因此，我们要强调“我们仍然处于社会主义初级阶段”这个基本国情。

党的十八大报告强调，我国仍处于并将长期处于社会主义初级阶段的基本国情没有变，人民日益增长的物质文化需要同落后的社会生产之间这一社会主要矛盾没有变，我国是世界上最大发展中国家的国际地位没有变。这三个“没有变”就要求我们想问题、办事情、定政策，推进任何领域、任何方面的改革发展，都要牢牢立足于社会主义初级阶段的基本国情。我们不但在经济总量低、发展不快的时候强调这一点，就是经济总量大了，发展快了，人民生活一定程度上得到改善了，一段很长的时期内我们还要强调这一点。我们不但在谋划长远发展的时候要强调这一点，而且在日常工作中也要牢记这一点。

改革开放几十年成就巨大，但要看到问题，看到矛盾，听到老百姓的意见。

我国的制造业、科学技术发展还比较落后。我们现在有值得骄傲的地方，比如超级计算机、航天工程、深潜工程等居于世界前列。但是有些核心技术，在制造业、国防工业方面，我们还比较落后。重型燃气轮机一直被誉为制造业“皇冠上的明珠”。国际制造业界通常以能够制造重型燃气轮机来衡量这个国家制造业的发展水平。中国有重型燃气轮机，但都是从外国进口或者由外国与我们合资制造的，这些合作条件非常苛刻。比如，要求20年内不得自行研制重型燃气轮机；20年之后可以研制，但要向他报告研究路径，技术路径、工艺路径是否有抄袭。合作的时候，重型燃气轮机70%的部件由中国制造，但都是技术含量不高的部件，而核心部件，特别是热端部件（能耐1430度以上高温），都是由国外运来，直接装在重型燃气轮机上，中国人不能摸、不能看。热端部件一年一换，连废弃部件，中国人也不能摸、不能看，直接拉回本国。还有先进航空发动机。打现代战争不用上天，比比数据就知道了。先进航空发动机的涡扇叶片只有短短的100毫米，但它高速旋转所产生的离心力是6吨，能吊起四辆帕萨特汽车，而且能持续运转两万到三万小时，耐1700度以上高温。现代航空发动机装配的高性能飞机，理论上飞行57年才有一次空中停车，发动机转速达到每分钟一万到三万转。通过比较数据，就可见高新技术的原始创新、协同创新，对我们来讲是多么重要了。美国说现代航空发动机领域精深到让新手望而却步，难以进入，即使是发达国家，也不会互相转让技术。北约联合制造一架飞机，也是你拿你的技术、我拿我的技术，互相保密，保密等级相当于核机密。所以，没有科技，国力不可能强盛。

其实改革发展时期问题很多，矛盾很多，这本身并不可怕，为什么？因为有发展就会有矛盾，但不发展矛盾会更多。我们要全面、正确、辩证地看待这些问题和矛盾。一位哲学家讲过，人们饥饿时只有一个烦恼，吃饱以后就会产生无数个烦恼。前者是生存的烦恼，后者是发展的烦恼。改革开放后，绝大多数人的收入都有提高，生活都有改善，按常理而言人民应该是满意的，但社会上出人意料地出现了不少心理不平衡、“无名之火”和意见，对方方面面都有看法，都有质疑。

为什么经济发展了，老百姓生活水平提高了，还有这么多社会问题、社会矛盾，甚至有的矛盾还比较突出，比较尖锐？分析起来，主要有两个原因。

第一，我国改革开放已经高度多样多元。改革开放的最大特点就是我们几乎把人类所有实践模式的积极要素都引进中国，使社会充满了活力，促进了社会发展。但带来的最大问题就是各种实践模式之间的矛盾和冲突。当代中国无论是所有制体系、生产体系、分配体系还是管理体系都是高度多元的。多元化是进步，也是挑战，但多元化必须是在可以掌控的范围内，否则就会出现很多社会矛盾和社会冲突，有的甚至非常广泛和深刻。所以，中央非常强调加强社会管理。

第二，三大潮流已经产生巨大影响。第一个潮流是全球化潮流，全球化使中国前所未有地加入世界现代化进程，不得不最大限度地向世界开放；第二个潮流是市场化潮流，市场经济带来了思想的解放和人的解放，造就了全新的生产、生活和交往方式，改变了中国社会的经济基础；第三个潮流是信息化潮流，信息化改变着世界上的一切，使所有的人面临信息爆炸和有效信息匮乏的双重矛盾，造成了新的盲目性。这三个潮流现在不可阻挡地汇聚到中国，深刻改变着中国的发展，也带来了很多社会问题、社会矛盾。这些都是需要我们在坚定的理想信念中深刻认识和着力把握的。

做人要有理想信仰，主要做好以下工作：

第一项工作，用科学理论武装头脑。崇高信仰、坚定信念不会自发产生。要练就“金刚不坏之身”，必须用科学理论武装头脑，认真学习中国特色社会主义理论，不断培植我们的精神家园。

首先，理论学习要有志存高远的追求，耐得住寂寞，静下心来通读苦读；其次，理论学习要勤奋努力、刻苦钻研，下真功夫、苦功夫、细功夫。再次，理论学习贵在独立思考、学用结合、学有所悟、用有所得，在学习和实践中领悟真谛。

通过坚持不懈学习，学会用马克思主义立场、观点、方法观察和解决问题，坚定理想信念，提高辩证思维能力，做到虔诚而执着，至信而深厚。

马克思有一句名言，叫做“怀疑一切”，又说“别人以为是结论的地方，正是问题的所在”，马克思就是凭着这种精神，在资本主义社会发展之初，对西方文明进行了一次非常全面和彻底的清理，并加以发展，100多年来，不仅造福于西方，也造福于东方。2003年英国《经济学家》周刊文章《马克思主义光辉不灭》说，20世纪即将结束时，BBC举行了一系列民意调查，其中有一项是“你认为谁是一千年来最伟大的思想家”，调查结果是，马克思排列第一位。在西欧和美国，以大学生和非经济专家为对象的关于马克思主义的书籍一直保持旺销，而且这方面的新书还在不断问世，并受到人们喜爱。在美国，《共产党宣言》被列为美国中学生15本必读书目之一。在这些并没有实行过社会主义制度的国家，人们公认马克思是伟大的思想家、哲学家、历史学家、经济学家、社会科学家、革命者，马克思主义的基本原则至今仍然是社会发展的普遍真理。

第二项工作，把思想政治素质放在首位，增强政治敏锐性和政治鉴别力。越是形势复杂越要保持头脑清醒，大事面前不糊涂，关键时刻不动摇。提倡什么，允许什么，限制什么，反对什么，都要从政治全局来考虑。

第三项工作，要用鲜活事实教育干部群众。理想信念教育不能光讲大道理，空对空，要把概念变事实，把抽象变形象。有一个鲜活生动事实，到了古巴才知道搞社会主义不开放不行。古巴是计划经济全民供给，每人每月20斤大米，吃不饱饿不死。古巴是个美丽岛国，四面环海，渔业资源很丰富，老百姓守着海但吃不上鱼，因为政府捕鱼换外汇了。古巴马路上跑的汽车大都是前苏联70年代给的拉达车，新车很少。卡斯特罗之后将来古巴肯定会走向开放，果然后来古巴共产党召开代表大会，提出要改革开放了，要搞市场经济了。

古巴社会稳定，家家没有防盗门、防盗窗，一个十七八岁少女夜间走在马路上没有问题，社会治安很好。为了保证社会和谐稳定，政府采取很多措施。其中一条措施是搭便车。古巴的政府用车一律用蓝色牌照，区别其他车辆。政府车在马路上跑的时候，只要车上有空座，老百姓就可招手。车必须停下，司机首先说要上哪，老百姓再说要上哪，大体方向一致，不管路途多远，跨省、市也不管，你不能拒载。如果拒载，马路上有带黄牌的人民检查员，他可以举报你。

第2讲

做人要有人生目标

人生目标是人成长的灵魂，是人生发展的导航仪。人生目标有多高，决定我们在成功的阶梯上攀登得多高；人生目标有多远，决定我们在人生道路上能走多远。人无压力就会轻飘飘，人无目标会左右摆。有人说，有了人生目标，石头在水上也能漂流，这话看似不合常理，但说出了人生目标的神奇力量。

哈佛大学曾对500人的人生目标进行过跟踪调查，这500人主要分为三类：第一类，有远大的人生目标；第二类，有阶段性的人生目标；第三类，人生没有目标。跟踪了20年后，有远大目标的，基本上进入了美国高层社会；有阶段性人生目标的，基本上当上了美国白领；人生无所谓的，基本上生活在美国社会的低层。

香港巨商李嘉诚说，每个人的一生都要扮演很多不同的角色。最关键的成功方法，就是寻找到导航人生的“坐标”。没有人生方向的人，会漂流不定。有了正确的人生目标，做什么角色都可以保持自我，挥洒自如，活得更快乐、更精彩、更幸福。

人生有无数选择，怎样才算是有智慧的选择？从内心出发，向人生更远的方向看去，而不是被眼前的喧嚣所迷惑，被社会的浮躁所诱惑。用智慧选择人生要做到三有：

第一，人活着要有主见，不要人云亦云。要有自己的生活信念，自己的价值观，不要活在别人的生活里，不要让别人的意见淹没自己的主见。最重要的是要有从内心出发的主见和勇气，任何其他东西都是次要的。

第二，人活着要有自己的追求。什么叫追求？首先，追求是进取的心态，是不断超越自我的人生态度；第二，追求是执著的信念，是克服一切困难，勇往直前；第三，追求是付出的过程，真正的精英并不是天才，而是付出更多努力的人；第四，追求是成功的基石，没有努力追求，就没有成功的梦想。人生有追求未必意味着最终成功，但走向成功，必定要有追求。比尔·盖茨为追求电脑普及家庭的梦想，创办微软公司，开辟个人计算机时代；霍金为追求宇宙的奥秘，顽强战胜病魔，到达科学顶峰。

人生目标是人生追求的灵魂。人生目标有多高，决定我们攀登有多高。人生不要混日度年，要做到三个引领：一是要用梦想、价值观引领你的一生；二是要用感恩、真诚引领你的一生；三是要用执著、乐观引领你的一生。做到这些，人的一生 就不会有遗憾。

第三，人活着要有质量，不要好高骛远。生命是一个过程，要体验过程、享受过程，精彩地过好每一天，高质量地过好每一天，立足现实，把握今天。最重要的事就是你现在做的事，最重要的人就是现在和你一起做事的人，最重要的时间就是现在。

人生其实就“三天”：昨天、今天和明天。昨天一去不复返，今天牢牢把握住，明天是希望。

昨天不管是挫折还是辉煌，都代表过去。昨天的穷人将来可能会变成富翁，昨天的富翁将来可能成为穷人，昨天打工的将来可能成为老板。这就是“三十年河东，三十年河西”。因此，我们不必为昨天的挫折而萎靡不振，也不必为昨天的辉煌而狂妄自大。

人生的关键是要珍惜今天。今天的日子很短，处于今天，我们就不要总是怀念过去，过去的就让它过去了，只有从零开始，脚踏实地，才能过好今天。

明天的时间还有多长，谁也说不清；明天是辉煌还是落败，谁也道不明。明天是机遇，也是挑战，关键还是面对现实，面对今天，珍惜今天的幸福。

对于什么是成功，没有统一的标准，人们追求不同、价值观不同，对成功会有不同的理解。如果仅从功利的角度来衡量成功，那是非常片面的。人生奋斗的根本目的，就是取得成功。对于成功的标准，不少人从来没有认真思考过，或者从未想清楚。许多人把财富、地位和名气看作成功的标准，可是有谁知道，财富有多少才是多？地位有多高才是高？名气有多大才是大？人生成功不是名，不是利，不是权，而是给你一个平台，把潜能发挥出来，这就是成功。人生不是结果，人生是过程，人生是体验，不是看你做什么，而是看你怎么去做。人生就像一次旅行，在乎的不是目的地，而是沿途风景，以及你看风景的心情。人生成功的根本标准，是人生价值理想的实现。

美国成功学家卡尔博士认为：成功意味着许多美好积极的事物，其中包括个人的发展发达，获得优越的条件；在职场和社交圈中赢得别人的尊崇和赞美；获得更多的自由，免于种种烦恼、恐惧、挫折和失败；实现自重自尊，不仅自己得到生命中最大的快乐与满足，而且让周围那些赖你为生的人更加幸福等等。

卡尔博士理解的成功有着多重含义和多元标准，其中包括功利目的和价值目标、自我感觉和别人评价、内在成功和外在成功、个人成功与大家成功等。

首先你怎么看自己？你对自己的人生是否感到自信和满意？是否认为发挥了自己的才华，干成了有意义的事情？是否实现了人生的目标没有虚度年华，枉此一生？

其次，别人怎么看你？自我感觉再好，自己评价再高，如果别人不承认等于白搭。商品的价值是通过交换实现的。不管是商品还是人，对别人有用才有价值。如果你个人的价值的光芒能够照亮社会，大家能从你的成功中分享一份好处，这才是真正的成功。

现在我们有些人将成功狭隘化、绝对化、模式化，职称评不上，要死要活；课题得不到，要死要活；干部提拔不上，要死要活。有人预测过，一个普通干部一辈子如果能提拔10次，就可以当国家主席了。人生能提拔几次？社会上对成功有这样的理念误区：

第一种误区是将成功绝对化，认为成功就是一定要出人头地，占据领先优势。将所谓的成功作为人存在的终极意义，变相地鼓动每个人为自己的利益无节制地获取资源，抢占有利地位，甚至不惜伤害别人。

第二种误区是将成功狭隘化，其显著特征就是宣扬这样一种理念：每一株小草都应长成参天大树，每一个小个子都能成为姚明一样的篮球巨星，每一名学生都应发展成爱因斯坦那样的科学巨匠，每一位歌手都要像宋祖英一样成为乐坛歌后……这种成功理念鼓舞了许多人，但理性分析，其实这种观点否定了个体差异，否定了通过多种方式实现幸福的可能性。人人可以成才，有一技之长就是人才，条条大路通罗马。人才是多元化的、立体化的。长颈鹿可以伸长自己的脖子吃高树上的树叶，小羊也可以低头美美地吃属于自己地上的青草，各得其所，各有所为。

第三种误区是将成功模板化，认为成功可以简单复制。成功人士的做法和某些意志品质确实可以借鉴，但其经历很难模仿和复制。因为每个人的成功经历中都伴随着太多机遇和巧合的成分，而这些成分往往对于个体的成功具有决定性的意义。完全照搬他人的经验以期获得成功，无异于刻舟求剑和缘木求鱼。

目前，社会普遍认同的成功标准是“英雄就要论成败”，重权力、重财富、重地位。我们需要的是科学的成功观，其核心观点是，成功在于自我价值的实现和与周围环境的和谐统一；自我价值的实现方式是多元的，成功并不只有一种固定的衡量标准；立德、立功、立言，成就一番伟业，创造有价值的产品和思想，这当然也是一种成功。但如果一个人能够扮演好属于自己的社会角色，如做一个病人的好医生、妻子的好丈夫、母亲的好儿子、孩子的好父亲，享受正当的权利并承担相应的义务，坚持做正确的事，即使默默无闻地度过一生，同样也是一种成功。

有一篇著名散文，题目是《人生的意义》，文章指出，“不管你是否准备好，有一天一切都会结束”。不再有旭日东升，不再有灿烂的白天，不再有一分一秒的光阴。文章提出了以下几个发人深省的观点：重要的不是你所收获的，而是你所创造的；重要的不是你所得到的，而是你所付出的；重要的不是你所学的，而是你所传授的；重要的不是你的能力，而是你的性格；重要的不是你的成功，而是你的价值。

人们常用“人生如戏”这句话来抒发对人生境迁的感叹。人的一生中，风风雨雨，酸甜苦辣，花开花落，斗转星移，世间百味，皆在其中。人生如戏，不是逢场作戏、游戏人生，而是感悟人生，淡看人生。

人生如同一台戏，当你处在精力和创造力的高峰时，应当唱主角，挑重担，把最好的年华奉献给社会；当你走出精力和创造力的高峰时，应当主动让贤，甘当配角，让更加年富力强的同志去唱主角，挑大梁；当你年高体衰、精力不济时，应当及时谢幕，走下舞台，去当一名文明观众，心平气和回归群众，回归自然，享受一段属于自己的生活。“功成、名遂、身退，天之道也。”“你方唱罢我登场”，这就是人生。再好的演员也不可能一直在台上演下去。社会大舞台应当永远由最有活力的演员去唱主角，这样才能好戏连台，精彩纷呈。如果明明精力不济了，还硬撑着唱大戏，那很可能赢得的不是掌声，而是倒彩。如果想把手中拐杖当成指挥棒，那可能不是帮忙，而是添乱。

人生在世，为人处事，待人接物，要准确定位，清醒地认识自己，客观地评价自己，正确地调控自己。是自己的就是自己的，不必推辞；不是自己的就不是自己的，不必强求。首先要知道自己是个什么样的人，千万不要把自己当人物，千万不要把自己当精英，千万不要老是自我感觉好。其实，人的结局都是一样的，只是自己把自己看复杂了。人性的弱点在于，往往来自平凡又鄙视平凡，本为平凡而又自命不凡。面对世俗之事，一笑了之。人本是人，不必刻意去做人；世不是世，无须精心去处世。这就是真正的做人与处世了。

人很渺小，人的一生也很短暂，人的结局都一样。有一则短信，正处副处将来不知落在何处，正局副局将来都一样结局，正部副部将来都一块儿散步，总理副总理将来都是一个道理，主席副主席将来都一块儿缺席。

还有一则短信，乘坐北京地铁一号线，途经国贸大厦，梦想财富；途经天安门，梦想权力；途经金融街，梦想发财；途经公主坟，梦想华丽家族；途经玉泉路，依然雄心勃勃；刚过玉泉路，有个声音飘然入耳：乘客你好，八宝山到了；顿时醒悟：人生苦短，总会到站。小沈阳春晚有句经典的话，眼睛一闭一睁，一天过去了，眼睛只闭不睁，一辈子过去了，这是人生苦短的幽默。

有一个顺口溜：零岁闪亮登场，十岁茁壮成长，二十岁爱情彷徨，三十岁基本定向，四十岁拼命闯荡，五十岁回头观望，六十岁告老还乡，七十岁打打麻将，八十岁晒晒太阳，九十岁躺在床上，一百岁挂在墙上。

有一则短信，人生如赛场，上半场按学历、权力、职位、业绩、薪金比上升，下半场以血压、血脂、血糖、尿酸、胆固醇比下降。上半场顺势而为，听命；下半场事在人为，认命！愿同志们上下兼顾，两场都要赢，没病也要体检，不渴也要喝水，再烦也要想通，有理也要让人，有权也要低调，不疲劳也要休息，不富也要知足，再忙也要锻炼。

正确看待人生，就应当看淡人生，淡泊名利，宁静致远，笑对死神。

有位著名的老画家，当他在给老伴谈论死亡时，泰然处之，乐观豁达。当他在谈到如何处理自己的骨灰时，提出了两种方案：

第一种方案是，建议把骨灰倒进马桶里，请一个德高望重的长者祭祀后，使劲拉冲水箱，让骨灰从下水道冲走，但被老伴否决了。老伴说：“不行，不行！要是把下水道堵塞了，怎么办？”

第二种方案是，建议把骨灰磨细，分给朋友去种玫瑰，也被老伴否决了。老伴说："这怎么行呢？人都死了，还要长出刺来刺人，想讨人恨呀！"

谈论死亡，是为了乐观地笑对死神！看淡人生，是为了更加珍惜今生。

人的一生是短暂的！人的一生也是渺小的！但正因为人生的短暂和渺小，我们才要活得更有意义，更有价值。

人的一生是短暂的，但要是卑鄙地活下去，那就太长了。

人的一生是渺小的，但要是有价值地活下去，那就太伟大了。

我们不能延长生命的长度，但可以增加生命的宽度和厚度。

我们可能改变不了社会和世界，但可以改变自己的志向和方向。

我们可能成为不了伟人，但可能成为有价值、有意义、快乐幸福的人。

树立人生目标，培养正确的价值观尤为重要。价值观是人类在认识、改造自然和社会的过程中产生与发挥作用的。不同的民族、不同的国家由于其自然条件和发展历程不同，产生和形成的价值观也各有特点。一个人的核心价值观必须同这个民族、这个国家的历史文化相契合，同这个民族、这个国家的人民正在进行的奋斗相结合。一个人必须知道自己是谁，是从哪里来的，要到哪里去，想明白了，想对了，就要坚定不移朝着目标前进。

当今社会，与正确价值观对立的，是权力拜物教和金钱拜物教横行，我们必须坚持自己的精神境界。佛教有个处世原则：随缘不变，不变随缘。既有随缘，也有不变。不变是原则，随缘是通融。曾经有位西方人面对放弃的忠告时说："我不是要改变世界，我只是不想改变自己。"也就是说，你不能决定明天的太阳几点升起，但你能决定几点起床。

据说，有一句哲学家黑格尔的话在中国广为流行，“存在就是合理的”，它成为人们犬儒主义处世哲学的圭臬，成为自己懦弱性格或投机行为的挡箭牌。其实黑格尔的意思是说：现实的不等于现存的，在现存的事物中，只有符合理性的部分才是现实的。虽然这仍然有为现实辩护与妥协的倾向，但它毕竟还是有底线的，即只接受现实中符合客观理性的内容。

我们要理性看待现实社会，既要了解人性的缺陷，更要发掘人性的崇高。尽管这个现实的世界有黑暗面，但我们可以敞开精神世界迎接阳光；尽管我们不得不直面人生的暗淡，但我们可以保持对美好生活的激情与向往。这个社会常常令人叹惜，但我们不能放弃希望。虽然自知改变不了这个世界，但我们必须坚定不移，顽强努力。

成功人才成长表明，对一个人来说，最持久、最深层的力量是核心价值观，承载着一个人的精神追求，体现着一个人评判是非曲直的价值标准。核心价值观，其实就是一种德，既是个人的德，也是一种大德，就是国家的德，社会的德。国无德不兴，人无德不立。如果一个人没有核心价值观，莫衷一是，言行不一，那么这个人的人生价值目标就无从谈起。

党的十八大提出的富强、民主、文明、和谐、自由、平等、公正、法治、爱国、敬上、诚信、友善的社会主义核心价值观，传承着中国优秀传统文化基因，我们必须从中汲取营养。

比如，中华文化强调“民为邦本”“天人合一”“和而不同”；强调“天行健，君子以自强不息”，“大道之行也，天下为公”；强调“天下兴亡，匹夫有责”，主张以德治国、以文化人；强调“君子喻于义”，“君子坦荡荡”，“君子义以为质”；强调“言必信，行必果”，“人而无信，不知其可也”；强调“德不孤，必有邻”，“仁者爱人”，“与人为善”，“己所不欲，勿施于人”，“出入相友，守望相助”，“老吾老以及人之老，幼吾幼以及人之幼”，“扶贫济困”，“不患寡而患不均”，等等。像这样的思想和理念，不论过去还是现在，都有其鲜明的民族特色，都有其永不褪色的时代价值。这些思想和理念，既随着时间推移和时代变迁而不断与时俱进，又有其自身的连续性和稳定性。我们生为中国人，最根本的是我们有中国人的独特精神世界，有百姓日用而不觉的价值观。我们提倡的社会主义核心价值观，就充分体现了对中华优秀传统文化的传承和升华。

要有人生目标，关键是培养核心价值观。因此，抓好价值观养成十分重要。正像习近平总书记所说的，“这就像穿衣服扣扣子一样，如果第一粒扣子扣错了，剩余的扣子都会扣错。人生的扣子从一开始就要扣好。凿井者，起于三寸之坎，以就万向之深”。我们要从现在做起，从自己做起，使社会主义核心价值观成为自己的基本遵循，并身体力行将其推广到全社会去。

第3讲

做人要有君子人格

人格是人性的社会外在表现，是人在社会化过程中成熟起来的思维方式和行为方式。人格就是做人的基本规格，人的灵魂。人格体现在对事业、朋友、社会的责任上，讲礼貌、讲诚信、讲公德、讲爱心，这都是人格修养的方方面面。一个人如果性格有问题，还不至于给他人造成多大的破坏力，但如果这个人的人格有问题，他可能对任何人都会产生危害。

“君子”是中华优秀传统文化的重要范畴，是数千年中国优秀文化塑造和推崇的人格范式，是中华民族理想而现实、尊贵而亲切、高尚而平凡的人格形象。

“君子”一词早在西周时期已广为流传，其内涵主要是对贵族或执政者的专称。到了春秋末期，通过孔子从不同侧面的反复解说和阐发，“君子”一词被赋予许多优秀道德内涵，或成为一种理想人格模式的称谓。

翻开《论语》，有关“君子”的论述俯拾即是：“君子喻于义，小人喻于利”，“君子坦荡荡，小人常戚戚”，“君子泰而不骄，小人骄而不泰”，“君子和而不同，小人同而不和”，“君子求诸己，小人求诸人”，“君子周而不比，小人比而不周”，“君子尊贤而荣众，喜善而矜不能”等等。这表明，孔子常在君子与小人的对举和比较中，肯定和褒扬君子是他心目中的道德高尚之人。

孔子塑造的可望可即、可学可做的君子人格受到社会和百姓的广泛认同和推崇。《周易》中的名句“天行健，君子以自强不息”，“地势坤，君子以厚德载物”被张岱年等学者认为是对中华民族精神内涵的最终概括。《孟子》中“君子莫大乎与人为善”，“君子贵人而贱己，先人而后己”，“君子以人存心，以礼存心，仁者爱人，礼者敬人，爱人者人恒爱之，敬人者人恒敬之”等论述，使君子人格的内涵更加丰富，影响更加深远。

后来，思想家对“君子”概念的引述和阐发同样不胜枚举。明清时期流行很广的人生格言类著作，多半也将君子人格奉为典范和楷模。君子概念及其文化，不仅在中华历代典籍中汗牛充栋，而且一直活在历代中华儿女心中。如今天人们常说的，“君子一言，驷马难追”，“君子爱财，取之有道”。

可以讲，“君子”是数千年中华优秀传统文化塑造的中国人的理想人格。儒家学说乃至整个中华传统文化，其中很重要的内容是阐扬仁、义、礼、智、信及忠、孝、廉、耻等众多为人处事的伦理和规范，它们最终都集聚、沉淀、融入和升华到一个理想人格即“君子”身上。

做人要做君子，这是数千年中华优秀传统文化的选择，也是今天每个中国人应有和乐于做出的选择。君子概念及君子人格，是中国优秀传统文化的聚焦之点和闪光之源，是烛照中华儿女历经坎坷而跋涉向前的人格力量。

君子既是一个做人的低标准，又是一个做人的高目标：你为人处事中的每一次崇德向善的选择，都是你在行君子之风和君子之道；你必须在人生长途中坚持不懈地修身，始终做崇德向善的选择，才堪称真君子。君子概念和君子人格，还可针对和适用不同职业和行业者，古代就有仕君子、商君子、文君子、民君子等说法，实质就是指做官的君子之道，经商的君子之道，从艺的君子之道，为民的君子之道等等。

综上所述，所谓“君子”和“小人”是一种道德区分而不是法律的裁定，是一种舆论评价而不是组织结论。走正道即为君子，违正道即为小人。这个世界上有君子就有小人，这也是一种对立统一。究竟是君子多还是小人多，很难定论。翻开历史不难看出，君子得志和小人得势几乎旗鼓相当，平分秋色。即使是盛世明主，也会误用一些小人。像春秋时期的齐桓公、唐朝的武则天都重用了一批奸佞小人。

唐太宗在总结自己执政的经验时，特别讲到对付小人是件非常困难的事情。他说，皇帝只有一个脑袋，而周围有一帮人整天琢磨如何对付你。有的靠勇气，有的靠辩才，有的靠谄媚，有的靠奸诈，有的靠投其所好，满足你的私欲，如此等等。他们无孔不入，像车轮一样轮番攻击，皇帝稍不注意，就会中了圈套。看来，皇帝也很难当啊！

清朝重臣孙嘉淦曾向乾隆皇帝递交过一份著名奏折——《三习一弊疏》，奏折描述了小人采取的各种手段：

在语言奏对上，君子笨嘴拙舌，而小人巧言令色，曲意奉承。

在公共关系上，君子实实在在，而小人八面玲珑，奔走朝廷。

在上级考绩时，君子耻于言功，而小人工于显勤，善于吹嘘。

君子和小人各有自己的才干，君子把才干用于工作，埋头苦干，而小人则挟其所长，投人所好。在这个世界上，有君子就有小人，有善人就有恶人。我们不可能让小人和恶人绝迹，但对他们必须高度警惕，严加提防，绝不能放纵他们，尤其不能让小人得志，让恶人得到重用。

人品是做君子的基本品质。在人的所有素质中，人品是第一位的素质。

在这个充满冲突的舞台上，几乎每个角色都不能不受到影响和干扰，有的人可能从中受益，自然也就有受害者，而最危险和最可怕的是那些带着正面人物面具却心术不正的人。我们都相信这个政治舞台上，经过多年的教育培养，特别是民意参与和对腐败的淘汰，正面人物是会越来越多，但绝不会是清一色正面人物。尽管有这样那样的规定、程序在把关，但依然会有各色人物通过这样那样的途径，云集在这个舞台上。这里有正人君子，有小人无赖，各自表演，相互较量。

由于君子是数千年中华传统文化塑造的中国人的理想人格，其中蕴藏着中国人观察事物思考问题和行为处事不同于其他民族的基本性格密码，因而君子人格具有古为今用的重大现实意义和价值。在今日市场经济导致一些人信仰缺失、价值迷失、道德失范的状况下，我们尤其需要在当代社会逐步形成崇尚君子人格、大兴君子之道，争做正人君子的风尚。既要提倡我国优秀文化传统中的人格行为，又要加强诚信、尊重、真诚、独立、敬业等现代人格行为的培养，这是我们待人处事、安身立命之本。

人格是一个人性格、个性、气质的综合表现。一个健康的人，核心是有一个健全的人格。人格的养成，对一个人太重要了，它是我们生命的灵魂。一个人没有了人格，或者表现出庸俗、低级的人格，他就成不了大事，就会脱离这个社会。

健全的人格具体表现在以下五个方面：

一是乐观向上的生活态度。在复杂的社会中能够看到生活的光明，对前途充满信心，对自己充满自信，对生活充满希望，对工作抱有兴趣，不羡慕人家，不苛求自己。

二是和谐的人际关系。善于与他人交往，用宽容的眼光看社会，与人相处保持尊敬、诚信的态度。

三是良好的情绪控制能力。能够调节和控制情绪，经常保持一种愉快、知足、开朗的心态，面对消极情绪能进行合理宣泄、排除、转移。

四是正确的自我意识。对自己要有一个正确评价，恰如其分，自信自律。自信使人自强，不被困难所击倒，不因失败而沮丧。自律使人自知，明白什么该做，什么不该做。

五是较好的社会适应能力。主动关心社会，主动了解社会，正确看待社会，多看光明美好的东西，多看充满希望的东西，多看积极向上的东西。

健全人格主要包括以下内涵：

人格是一种奉献。

奉献是一种义务，一种境界，一种感恩，一种氛围。周恩来总理的人格是伟大的，1976年，周总理逝世，联合国作出决定，降半旗哀悼一周。有些国家的代表提出异议，说联合国没有先例。当时担任联合国秘书长的瓦尔德海姆回答了这个问题。他说，世界上哪位总理在国外没有一分钱存款？世界上哪位总理终身只有一个夫人，没有自己的子女？世界上哪位总理终生受到人民爱戴？这样一问，再没有人提出异议。瓦尔德海姆并没讲周总理的丰功伟绩，而只是讲了周总理在人格方面的几个具体表现。

世界第一位诺贝尔物理学奖获得者伦琴，有一次做实验，他把自己关在实验室一个星期，因为他当时看到一个很重要的现象，他在开关仪器时候发现了一种很奇怪的光，最终他把这个光追逐出来。因为不知道是什么东西，就称之X，就叫X光。这就是X射线的发现，全世界都轰动了，当时有人向他来买，谈条件。第一个是德国人，说要拿自己的城堡和他的王位跟伦琴换。伦琴不要。伦琴说空气有没有价格，阳光有没有价格，我的发现就要像空气和阳光那样来为人类造福。这个发现当时就知道以后会有非常大的利益，但是伦琴连专利都没有要。反观今天，我们有些人太功利太自私了。

居里夫人的人格是伟大的，她是世界科学家中唯一两次获得诺贝尔奖的。她逝世以后，大科学家爱因斯坦在她墓前致悼词，没有赞扬她两次获诺贝尔奖的科学成就，而是通篇颂扬她献身科学的伟大精神。居里夫人失败了多少次，克服了多少困难，终于提炼出0.1毫克的镭。她成功后很多人找她说你可以成为百万富翁了，她说我的发现应当属于全人类。无私地把技术告诉了别人，没有申请一项专利。居里夫人为了把技术应用于医学亲自跑到前线为士兵治疗，正像她女儿所形容的，她是奉献了所有，而毫无索取。她女儿在她人格感召下，同样获得了诺贝尔奖。

有一年北京大学开学，一名外地学生大包小包到北大来报到，看到一位老人走来了，说你帮我把包看一下，我去办理报到手续。结果他花了一个多小时时间，回来后那位老人仍然在那给他看包。开学典礼上他惊讶地发现坐在主席台的副校长学术大师季羡林先生，就是为他看包的那位老人。

人格是一种尊严。

尊严的本意是不容侵犯的地位和身份。尊严有两个含义，一是不可侵犯的人格；二是不可侵犯的身份。人作为人，必须要有尊严。人只有活得自由、体面和有尊严时，才会感受到自己是社会的主体，是自己的主人。

美国哈佛大学340年校庆，邀请当时的美国总统里根来校发表演讲。里根同意来校，他私下表示，哈佛大学能否授予他一个名誉博士学位，哈佛大学时任校长一点也没犹豫，马上回答："宁肯不要国家总统来校发表演讲，也不把名誉博士学位授予一个有好莱坞演员背景的总统。"这表现了一所著名大学校长的尊严。

人格是一种尊重。

南非前总统曼德拉在任总统期间，始终保持平常心，非常尊重人。一次，一位英国石油公司员工彼得受曼德拉总统之邀，到曼德拉家做客，曼德拉亲自到停车场欢迎他，这使彼得受宠若惊。吃饭时，曼德拉总统问彼得，我想和你来的还有一个人吧？彼得习惯性地回答，就我一个人，那一位是司机。曼德拉忙起身到外面邀请司机进来，这件事让彼得和司机终生难忘。人们往往容易忽略为自己服务的人，但身为总统的曼德拉能平等尊重所有再普通不过的人，他也因此得到更多人尊重。

第47届世乒赛，我国选手马林在四分之一决赛中与白俄罗斯选手萨姆索诺夫打得难分难解。在比赛时马林打了一个擦边球，裁判错判给马林，两人都表示误判，裁判员仍坚持原判。接下来马林发球，萨姆索诺夫完全可以接好发球，却故意将球推到网下，用自杀方式抵消了裁判员错判给自己的一分球。全场观众看得一清二楚，报以经久不息的热烈掌声，萨姆诺索夫表现了对对手的高度尊重，对输赢的超然态度，以及对自己人格的自觉坚守。

人格是一种真诚。

1970年，联邦德国总理勃兰特来到华沙犹太人死难者纪念碑前，突然，这位德国总理双膝着地跪在了纪念碑前，他是在向“二战”中被德国纳粹屠杀的510万犹太人表示沉痛哀悼，认罪赎罪。这个事件震惊了当时整个世界，特别是震撼了德国人的心灵。当时民意调查显示，有80%的德国人非常赞赏此举，认为这种出人意料的方式更表达了德国人认罪赎罪的真诚态度。当时许多媒体评价，勃兰特跪下了，而德国站起来了。1971年，勃兰特总理获得了诺贝尔和平奖。时至今日，现任德国总理默克尔一再重申，德国纳粹犯下的罪行，对第二次世界大战，对种族大屠杀承担一份永久责任。

“二战”后，日本人和德国人的表现不同，直到今天日本的一些右翼政客还在年年参拜靖国神社。他们只向屠杀中国的“战神”下跪，决不向在战争中死去的中国亡灵下跪，和德国不同，日本右翼分子对其在中国犯下的滔天罪行一直死不认账。德国人有一种诚实态度，日本人却没有。所以，人格是一种真诚，代表正义力量，善良力量，进步力量。

人格是一种慎独。

“慎独”是儒家人生修养的重要方法，也是衡量一个人道德和人格的重要标志。

《大学》之言“慎独”是从“诚真意”出发的，意味自修者欲“诚其意”，“勿自欺”，知为善以去恶，从而得到自我满足，并成为君子，就必须“慎其独”。而小人则与之相反，他们闲居独居时无所不为，而一旦见到君子便将不好的一面掩藏起来，仅将好的方面示人。但这种掩盖是无益的，人们一眼便可以看到他的内心。

《中庸》之言“慎独”是从人生准则出发，即使在人们看不见、听不到的情况下也要保持戒慎。

《大学》《中庸》所言“慎独”，都是教人在独处的时候严格要求自己，谨慎对待自己所思所行。这种“慎独”的精神内涵不断丰富，不但成为一种修身的方法，更升华为一种高尚的情操和人生美好的精神境界。

“慎独”精神对完善君子人格起到了不可忽视的作用，具体讲有三个方面：一是对不良行为的抵制。一个人面对外界诱惑如权、钱、色时，能够做到不为所惑，不为所动。行贿受贿这种事，很多情况下，就是你一个人面对，没有人监管。所以，要靠自己提醒自己，如果意志不坚定，有了第一次的吃请，就会有第二次的馈赠，也就会有第三次的相帮，第四次的接受钱物，这就是一个犯罪细胞从小到大的裂变过程。

二是对道德原则的自律。如果说对不良行为的抵制还仅限于个人洁身自好，那么道德原则的自律已推己到社会，即将社会的正义要求内化为自身的行为习惯。

三是对精神境界的升华。如果说对不良行为的抵制是“慎独”的外表显现，对道德原则的自律是“慎独”的理性自觉的话，那么，作为“慎独”的最高境界则是人的精神升华。

精神境界的高低往往决定着人格的高下。一人出身有差异，能力有大小，际遇有穷达，但只要能本着“慎独”的精神，“穷则独善其身，达则兼善天下”，“富贵不能淫，威武不能屈”，其精神境界便是高尚的，而这样的人也就是君子了。反之，不能坚守“慎独”的人，得志猖狂，失志妄为，即使官再高，业再大，也仍是小人。孔子所谓“君子固穷，小人穷斯滥矣”，正是在精神境界的高低上对君子和小人所作的区分。

中国传统文化认为，高尚的人格是做官的前提。做人决定做官，人品决定官品。一个人品不正的人不可能成为好官，即使官职再高、权势再大，也缺乏人格力量，不能为人信服。换言之，一个人应首先学会做人，然后再去做官，这样官才是好官。“慎独”精神是教人做一个“诚于中，形于外”的君子，即好人。

平凡好人的标准是什么？最低标准，就是善待自己的亲友同事，当学生不考试作弊，当学者不抄袭剽窃，当包工头不偷工减料，当商人不卖假冒伪劣产品，当官员不贪污腐败，等等。这些标准听起来不高，真正做到却不那么简单。在当今社会，做平凡的好人相对容易，想出人头地又想当好人，是很不容易的。如果你把自己的奋斗目标定得很高，非要当“人上人”，而命运之星又没有照到你头上，要么你会很失望很郁闷，要么你难免违背最低的道德准则。所以，把人生目标定得低一点，更容易做一个普通的好人，平凡的好人。

人格是一种习惯。

现在有一句话讲得精彩：“性格决定命运，习惯影响一生。知识改变命运，习惯主宰未来。”俄国著名教育家乌申斯基对于习惯有过绝妙比喻：“良好习惯乃是人在神经系统中存入的道德资本，这个资本不断增值，而人在其整个一生中就享受它的利息。”因此，良好的习惯是人才成长、终生发展的基础，这个基础夯实了，未来发展就有了根基和保障。

人生是由无数个行为构成的。行为优秀不算优秀，习惯优秀才是真正的优秀。一两个顶尖的优秀行为，也比不上一个优秀的习惯。行为优秀是暂时的、偶然的、孤立的，缺乏后继性的，习惯优秀才会为行为优秀提供根本上的保证。

习惯是什么？习惯就是人的一种稳定的自动化行为。用学术语言讲，它是人的刺激与反应之间的稳固连接，有一定刺激发生，必然有相应的反应产生，这个反应就是习惯。习惯是怎么养成的？美国心理学家研究发现，人的一种动作重复21天，就会成为一个初步的习惯；这个动作持续90天，就会成为一个稳定的习惯。所以，习惯一定是某种行为长时间坚持训练的结果。

有个故事很能说明这个问题。在南美洲一个足球之乡，在一次火灾中，一个青年妇女抱着孩子在阳台上被大火包围了，正在走投无路之时，下面有人喊，快把孩子扔下来！她低头一看，正是当地足球队最著名的守门员。她毫不犹豫地就把孩子扔下来了，守门员很轻松地接住了孩子，然后，紧接着一个动作，一下子又把孩子踢了出去，这就是习惯。

习惯这两个字的本意，是“习而惯之”。人的动作可以叫习惯，人的行为可以叫习惯，人的态度可以叫习惯，好的方法也可以叫习惯。

习惯是一种养成。重复成习惯，习惯成自然。习惯是潜意识的功能。我们做学习游戏、跳舞或开车，是在意识指挥下一次次重复动作，直到潜意识中印下痕迹，继而产生自动的习惯动作。20世纪末，世界75位诺贝尔奖获得者在法国巴黎开会，有位记者向一位获诺贝尔奖的教授提了一个问题：“你认为你人生最重要的东西是在哪所学校学习的？”这位教授稍作思考，意味深长地说：“我人生最重要的东西是在幼儿园里学习的，幼儿园老师告诉我们，有东西要分给小伙伴一半，不是自己的东西不拿，吃饭前要洗手，做错事要承认错误，午饭后要休息，学到的全部东西就是这些。”这些都是做人的基本道理、基本习惯。

现在有些人之所以有这样那样的毛病，就是因为他们从小养成了很多坏习惯，管不住自己。有专家曾对115名死刑犯做过调查，他们从善到恶绝不是偶然的。恶习是他们的罪恶之苗，悲剧之根。他们中30%曾是少年犯，61%少年时犯有前科，基本上都有劣迹，从小就有不良行为习惯。

习惯是人生之基。有句格言说：“贫穷是一种习惯，富裕也是一种习惯；失败是一种习惯，成功也是一种习惯。”有的人一生顺利，有的人命运坎坷；有的人事业辉煌，有的人碌碌无为；有的人多次奋斗，最终成功；有的人努力奋斗，还是一事无成。人生后面好像有一只无形的手在操纵着，其实，这只无形的手正是人的习惯。习惯就像一根拴住你的绳子，在你每天重复这种行为时，这根绳子会变得越来越粗，越来越控制住你，让你难以挣脱。同理，任何一种思想只要不断重复，就会成为一种习惯，在不知不觉中影响人的行为。英国哲学家培根说过这样一句话：“习惯是一种顽强而强大的力量，它可以主宰人生。”

人生修炼的最高水平，莫过于优秀习惯的养成。有这样一个故事：一家企业招聘管理人才，应聘者很多都是对答如流，但都没有被录取。轮到最后一个人，他进来时发现地毯上有一团纸，他很自然地捡起纸团放到纸篓里。考官让他看看纸团，纸团上面写着：欢迎来公司任职。后来这位应聘者成为这家大公司的总裁。

习惯常常决定一个人的成败。一家外资企业招工，报酬丰厚，要求严格，一些名牌大学毕业生过五关斩六将，最后一关是总经理面试。总经理说，我有点急事，你们等我十分钟。总经理走后，这些毕业生围着总经理的大办公桌，拿着桌上的东西翻看。十分钟后，总经理回来了，宣布说，面试结束，很遗憾，你们都没被录取。这些毕业生很疑惑，面试还没开始呢！总经理说："我不在期间，你们的表现就是面试。本公司不录取随便乱翻别人东西的人。"这些毕业生全傻了，因为从小到大，没人告诉他们这一常识，更谈不上习惯养成。

播种行为，收获习惯；播种习惯，收获品格；播种品格，收获命运。现在世界公认的优秀习惯有七个：积极处世；确定使命和生活目标；重要的事情先做；双赢的想法；抱有人人都能成功的态度；先理解别人，再让别人理解自己；定期让自己得到修正和充电。

美国著名神经科专家约翰·梅迪纳指出，人的一生最重要的习惯有五个：第一，保持好奇心；第二，坚持不懈；第三，失败很平常，反思失败，从错误中学习才能远离失败；第四，别害怕丢脸，特别是想得到一个有价值的东西时；第五，爱这个世界的思想，而不是爱世界的诉求和目的。我们的一言一行都是日积月累形成的习惯。有的人形成了很好的习惯，有的人形成了很坏的习惯。所以，我们要把优秀行为变成一种习惯，使优秀行为习以为常，变成人的第二天性。我们要习惯地创新创造，习惯地认真做事，习惯地善待别人，习惯地欣赏自然，努力成为一个具有优秀习惯的人。

奉献、尊严、尊重、真诚、慎独、习惯都是人格的内涵。人格既表现在惊天伟业中，也常常表现在一个非常普通、非常平凡的举动之中。但平凡中有伟大的追求，平凡中有满腔热血，平凡中有强烈的责任感。人格是一种精神，一种感召，一种力量，会使你心灵受到震撼。

2007年5月，温家宝同志在上海同济大学即兴演讲，其中讲到：一个民族要有一些仰望天空的人，他们才有希望，如果只是关注脚下的事情，那是没有未来的。德国大哲学家康德认为，世界上有两件东西最能震撼人的心灵，一件是我们心目中崇高的道德准则，另一件是我们头顶上的灿烂星空，把道德和星空联系在一起才是最具震撼人类心灵的力量。

第4讲

做人要有精神家园

当代社会，物质与精神失衡，崇尚物质、技术、功利，物质追求占统治地位。物质时代，有人说话很物质，有人走起路来很物质，有人笑起来很物质，物质多多，诱惑多多，失去也多多。如此发展，人就会精神匮乏，道德沦丧，心灵枯竭，人格低下，成为没有精神生活和情感世界的动物。

当今社会，有太多的浮躁、迷茫、混乱，以及扭曲。社会上滋长出一种不容乐观的情绪，觉得越干越没劲，越干越迷茫。没钱的人想挣钱，挣不到钱很难受；有钱的人不再为钱发愁，结果更空虚、更难受，更不知该干什么。活着没意思，死了也没意思；结婚没意思，不结婚也没意思；干活没意思，闲着也没意思。没有理想信念，没有精神追求，人生迷茫，思想困惑。甚至有人极端错误喊出口号，理想是远的，信念是空的，权利是近的，金钱是实的，要抛弃远的，放弃空的，抓住近的，捞取实的。

在全球化、市场化的世界中每天都有负面、暴力的东西。在这样一个碎片化、快餐化、情绪化的传播时代，好像负面的东西越来越成为主流。

但我们要坚信，不管时代如何变迁，不管社会如何转型，如何充满疑惑，如何充满挑战，社会的进步是挡不住的，时代的潮流是挡不住的。面对时代社会发展，面对复杂多元的世界，总有一种精神让我们充满力量，总有一种理想让我们坚持不懈，总有一种追求让我们奋发向上，总有一种灵魂让我们成功温暖。

其实，我们每个人都生活在三个世界里，即物质世界、情感世界、精神世界。物质世界，人们追求的是一种富裕；情感世界，人们追求的是一种温暖；精神世界，人们追求的是一种自由。物质是基础，情感是依靠，精神是支柱。

道德的功能是范物规世，扬善去恶，但在市场经济发展过程中，道德的地位和功能正在发生变化。从一些人“良心多少钱一斤”的发问到物质主义、拜金主义、享乐主义的流行，说明道德对社会的规范和价值引导作用越来越小，整合力越来越弱，这已成为人们普遍感知的道德困境。

人生不能只盯着物质的成功。除了物质的成功，人生还有更重要的东西，就是精神，如果我们的社会没有对道德精神的追求，没有对良知良能的认同认可，那我们就难以守住道德底线。

当名车、高收入、大房子成为奋斗目标的时候，当偶像沉沦、丑恶横行、信仰漂泊的时候，我们要保持澄净理性的心灵，在浮华喧嚣中坚守对理想的执着和追求，在激流动荡中保持追求理想的激情和力量。

人活着要靠物质支撑，但怎样去活，要靠精神支撑。人生追求无非两种，一种是追求物质，一种是追求精神。古希腊哲学家柏拉图说过，追求物质，就是追求平凡；追求精神，就是追求神圣。在物质日益丰富的今天，我们不仅要往口袋里装东西，更要往脑袋里装东西。因此，我们要淡看人生，淡泊名利，宁静致远，营造精神家园，追求人生崇高精神。

追求崇高精神，营造精神家园。那么“家”究竟是什么？它在哪里？对于绝大多数人来讲，家是一个十分温馨的字眼儿。家，意味着人生的起点和归宿，意味着自由、信赖、安全与快乐。人生的幸福，多半与家庭美满相伴。

仔细想来，“家”的含义实际上有三层：

第一层是物理意义上的“家”，指供个人日常生活的专用空间，它往往是与住宅联系在一起的，看作是最低意义上的家。

第二层是社会组织意义上的“家”，指由两个以上具有亲缘关系的人所组成的共同体，就是家庭。所以人们把结婚叫做成家。

第三层是精神文化意义上的“家”，指人们心理上认可、信赖、追求的归宿和寄托，就是精神家园。在人的一生中，它是支撑情感和理智，产生意志和智慧的源泉。这个家是只在心里，但却时时能够感受到的“家”。

这个精神上的家园，是人生永远的根基。这个家园的存在，源于人的精神生活本性。人的生命本性不仅有物质需要，更有精神需要；人不仅要有“实在的家”，而且要有“精神的家”；不仅需要有一个“小写的家”，而且更需要有一个“大写的家”。

追求崇高精神，营造精神家园，需要培育做人的人品。人做每一件事都离不开人的品格，离不开情感、意志、真诚、热爱、友善、合作等品格修养。知识只是成功的因素之一，不是成功因素的全部。在许多情况下，品格是更为重要的因素。跌倒了是失败，爬起来就是成功。爬起来当然需要知识，但首先需要的是品格和意志。现在跌倒了就永远爬不起来，遇到一点挫折就轻生、自杀的现象屡见不鲜，其中不少还是高学历者，这不是足以发人深省吗？

人品是做人保证。有了好人品，做人才有底气，做事才有硬气，做官才有正气。稳定的价值标准和一贯的行为准则，是一个人的世界观、人生观、道德观的综合体现。在人的所有素质中，人品是第一位的素质，人品更具有基础性、贯穿性、真实性、可靠性，更能说明一个人的本质。一个人的知识能力不够，可以补充提高，而人品人格定位了，改起来很难。如果人品靠不住，其政治立场、政治态度都是不可靠的、不可信的，随时都会起变化。人品有问题，他可能对社会、对组织、对任何人都会产生危害。

一个人的人品必然贯穿做人做事方方面面。如果一个人很虚伪，不诚实，喜欢搞些作弊作假的事情，必然说假话，报假数，不可能坚持实事求是的思想路线。如果一个人自私自利，唯利是图，处处为自己打算，就不可能坚持原则，保持对组织的忠诚。如果一个人对父母、亲人、朋友都无情无义，不忠不孝不敬，就不可能亲民爱民，全心全意为人民服务。

追求崇高精神，营造精神家园，不仅来自做人的优秀品格，也来自人的完整性和成熟性。20世纪初，蔡元培先生对北京大学青年学生提出希望："要有狮子样的体力，猴子样的敏捷，骆驼样的精神。"体魄雄健，思想才能驰骋；精神富足，生活才能宽阔光明。个体价值的实现，历史传承的担当，都来源于这些成为一个真正的人的准备。

当很多人谈人生只讲车子房子，只讲吃喝玩乐，我们要问自己，我们到底寻求什么样的人生才有意义。

每个人都有个体价值实现的需要，但高度功利化、物质化的价值标准，会使这种需要被异化，使人生处于茫然困惑状态。

托尔斯泰说：“不要让外面的生活压倒内心的生活，不要磨灭和闭塞灵魂，要让灵魂成长壮大，让灵魂得到幸福，而且只有灵魂的幸福才是真正的幸福。”

追求崇高精神，营造精神家园，要求我们要俭朴地生活，高尚地生活，谦卑地生活。

俭朴地生活。快乐与金钱和物质并无必然关系。温馨的家，简单的衣着、健康的饮食，就是快乐所在。漫无止境地追求奢华，远不如俭朴生活能带来幸福和快乐。

高尚地生活。务必庄重自强，公平待人，不可欺辱弱势之人，也不可做有损他人之事。

谦卑地生活。要有服务他人的谦卑胸怀，时刻不忘为社会、国家以至全人类出力。

一个人的价值，不能用金钱判断，而应以他对社会、对人类的贡献来衡量。

人是物质的，也是精神的。反观与自省是人的特质。人应该是什么样、应该怎样做人是道德问题，什么必须做、什么不能做是法律问题。人来到这世上，如何做人理应是人生第一课。做人必须具备什么？人生的意义何在？这是国人需要重新思考的问题。

精神家园是人之所以为人的根本。缺少了它，我们的社会就可能变成一个畸形的社会，物质丰富，但精神荒芜，有知识却无道德，自私自利、恬不知耻、投机钻营、阿谀谄媚者大行其道，保持人格与良心的精神家园受到挤压。当人满脑子、满眼只有钱与权的时候，人的贪欲、人性之恶就会像被打开的潘多拉盒子一样，恶念、恶行粉墨登场，这并非杞人忧天。

在充满物质诱惑的今天，人怎样才能不迷茫？一要点亮生命之灯，做人有目标就不会迷茫。二要提高思辨能力，看清楚所处环境和复杂问题，就不会迷茫。三要打造精神世界，具有坚毅意志的人不迷茫。四要打开心灵之窗，有精神家园、有阳光的人不会迷茫。

第5讲

做人要有人本情怀

人本情怀就是要以人为本。什么叫人本情怀？简要说，四句话：把发展人作为根本前提，把依靠人作为根本途经，把尊重人作为根本准则，把为了人作为根本目的。

人本情怀的内涵十分丰富，其要点可以概括为四个方面：第一，要以人的生命存在为本；第二，要以人的人格尊严为本；第三，要以人的个性和谐发展为本；第四，要以大多数人的长远根本利益为本。

现在教育上有几条奉为经典的格言，从某种意义讲，也难以适应以人为本的要求。

“要给学生一滴水，教师要有一桶水。”将师生定位于“一滴水”和“一桶水”的关系，成为多年来对教师的职业要求，在知识更新加快的今天，我们不禁要问：要给学生一滴水，教师的一桶水够不够？这一桶水是“新水”还是陈水、腐水？是活水，还是死水？是一股脑地倒给学生，还是让学生自己去发掘？显然，“一桶水”的隐喻折射出传统教育中“师道尊严”的影子，也难以适应新课程背景下教师作为课程文化创造者的要求。还是苏霍姆林斯基说得好："教师要做一条长流不断的小溪。"源活则水新，教师只有勤学善思、常教常新，做创新文化的点燃者和智慧泉水的引路人，才会有学生智慧之泉喷涌而出的胜景。

"春蚕到死丝方尽，蜡炬成灰泪始干"，本是写男女爱情的诗句，却不知何时起成为教师们的座右铭；如春蚕，似红烛，也作为教师奉献精神的代名词而礼赞有加。春蚕吐丝成茧，完成了生命的涅槃；红烛燃尽却一无所有，未免有些偏颇。作为教师，在燃烧自己，照亮学生的同时，自己也应当光彩照人，这才是"教学相长"，才是教师人生的正途。如陶行知先生说"学高为师，身正为范"，"学"若不"高"，何以为师？过去，每年评优秀教师，总有些教师台上泪水涟涟作"红烛"状，让台下评委感动青睐，成就了老黄牛精神，却忽视了教师专业根本。如今，评优秀教师，已明确要求控制感情，演讲者要以教育实绩说话，不能不说是一种进步。

"人类灵魂工程师"一词是前苏联领导人斯大林对作家的称谓，后来被教育家加里宁引用到教育界，他说："很多教师常常忘记他们应该是教育家，而教育家也就是人类灵魂的工程师。"从此，"人类灵魂工程师"成为教师特定的称谓，也是社会给予教师的崇高赞誉。这一称谓肯定了教师职业的崇高，是"太阳底下最光辉的职业"，却忽视了教师职业的个性。教育是育人的事业，教育对象是一个个活生生的人，锻造的是一个个有血有肉、有理想、有灵魂、有个性的人，而不是整齐划一、千篇一律的机器标件。如第斯多惠所说："教育的真谛在于激励。灵魂的塑造，需要的是点拨、激励和诱发，而不是机械地打造和复制。"可见，"教师是人类灵魂的工程师"这一隐喻明显带有工业化的烙印。

回顾历史，东西方的社会差距如何拉开？很大程度上在于对以人为本的态度。西方社会很注意研究人，他们把人性研究得很透，他们研究人的目的是“为了人、开发人、解放人”。中国几千年的封建传统社会也很注意研究人，这和西方没有什么区别，但是我们研究人的目的是“控制人、管理人、约束人”。

从历史上看，中华民族精神是伟大的，不容质疑的，但反思历史，确实有时缺乏阳刚之气。南京大屠杀期间，3个日本兵把3000个中国人关在一个大仓库里，大门敞开，没有一个中国人敢反抗。当时如果有人振臂一呼，大家蜂拥而上，踩也把他们踩死了。就是3个日本人3杆枪，民族奴性在这个事情上表现得淋漓尽致。西方社会是“为了人、开发人、解放人”，我们是“控制人、管理人、约束人”。结果怎么样？人家发展了，我们落后了。我们的大刀、长矛后来就是对着人家的坚船、利炮。

十一届三中全会以后，“三个有利于”、解放思想、开拓创新、与时俱进，把人的思想、潜能大大解放了。改革开放以来，我们的经济建设取得了巨大成就，就是因为我们的工作立足点是以人为本，价值取向是以人为本。

前段时间，一星期内三架客机坠毁，被称为人类航空史上最黑暗的一周。但有一个画面，让我们思考，那是对生命的敬畏。马航空难的遇难者遗体在荷兰受到隆重迎接，包括荷兰国王、王后及首相在内的高规格迎接团在空军基地迎接“亲人回家”。画面中，吹起挽歌的号手，被荷兰军人缓缓抬出的40个灵柩，路旁目送的民众……汇成一股巨大的洪流，人们深感其中蕴藏的巨大悲痛，也为之感动，哪怕生命已逝，对生命的尊重不会欠缺。

在地震、矿难、车祸等各种灾难中，我国把不惜一切代价救人放在了首位。在利比亚等外国发生战乱时，派飞机、军舰去接回同胞和侨胞。当我们看到黑头发、黄皮肤的同胞相拥，流泪乃至号淘大哭的场面，我们的热泪也禁不住夺眶而出，这不仅是国力强盛的标识，更是人本情怀的彰显，以人为本观念的转变。

雷锋同志的形象是艰苦奋斗的形象，“新三年旧三年，缝缝补补又三年”。但艰苦奋斗也应该赋予它时代内涵。后来整理雷锋的遗物时，发现雷锋同志有一双皮鞋、一件皮衣、一块手表，雷锋同志还曾经谈过恋爱，这都无损于雷锋形象，反而使雷锋形象的树立更加人性化，更可亲、可敬、可学。

人本情怀要以人为中心，突出人的发展。人是教育的中心，也是教育的目的；人是教育的出发点，也是教育的归宿；人是教育的基础，也是教育的根本。一切教育必须以人为本，这是现代教育的基本价值。因为现代人的自我尊严、自我价值不再需要外来肯定，更不是金钱标准所能衡量的，而是人的自我认同、自我体验、自我实践。

实际上，每个人都是按照自己的方式选择生活道路的。著名心理学家罗杰斯曾经讲过，人最想达到的目标，自觉不自觉所追求的终点就是变成他自己。人生就实质而言，就是一个不断发掘自我潜能的过程，不断变成真实自我的过程。如果我们每个人最终变成了真实的自我，他一定会感受到生命的价值和生活的乐趣。在一定范围内，还一个真实的自我，展示一个本色人生，这样才能提高生活质量。

汶川地震后，从废墟中抬出一个三岁的娃娃，当他举起右手敬礼时，我们看到，他是懂得感恩的，对别人的善义善举他认为应当作出一种反应，所以不由自主地举起了右手。

人本情怀要尊重人的主体地位。尊重人的主体性，尊重人的差异性，尊重人的权利和责任，尤其要尊重人的主体地位。人是权利主体，要把人看作法律关系中的权利主体，把人的发展同尊重人的知情权、参与权、表达权和监督权有机结合起来，提高人的主体意识和责任意识。人是行为主体，要把人看做是能动的，有创造力的行为主体，把外在引导与人的内在需求有机结合起来，充分发掘人的发展潜能。人是生命的主体，把人的成长与健康的人格教育有机结合起来，帮助人认识生命，珍惜生命，尊重生命，热爱生命。

人本情怀要体现人文关怀。人文关怀是一种巨大的感召力和博大的精神力量，主要目的是让人去感受生命的过程、生命的价值。只有感受，才能感动，才会内化为行动。感受、感动、行动是这样的一种逻辑关系。在感动中净化灵魂，在感动中升华人格。

国外一家医院教学主楼的门厅里挂着一幅巨型油画，画着一名教授在指导学生解剖尸体。学校规定解剖课前，学生都要到这幅油画前面默哀一分钟，想一想，这名尸体没有生命，没有姓名，为培养我们学生做了什么。

什么叫感动？感动是一种深层次的心理浮动，是内心的崇高精神的体验。善于发现感动的人，是一个富足的人；善于在感动中成长的民族，是一个成熟的民族。几年前，邓朴方欢送中国残疾人艺术团的香港访问演出，他因为身体的原因没有去，但让人捎去了四句话。当主持人在香港大剧院宣读完这四句话的时候，掌声雷动，经久不息。这四句话是："有一种爱是人间之爱，有一种情是手足之情，有一种力量是意志的力量，有一种精神是伟大的民族精神。"他说："要把爱与情、力量与精神深深融入到残疾人的艺术活动之中。"这些思想也应该深深熔铸到以人为本的理念之中。人是有理性的，也是有感情的，感情支配思考方向，理性决定思考结果。我们只有以情感人，才能以理服人。无论现代教育手段多么先进，都不能否定面对面的教育工作；无论现代传媒多么发达，都不能代替人和人之间的感情交流和融合；无论各项制度多么完善，都不能忽视人文关怀和道德情感。

我们要全面认识和理解人本情怀。现在提出以人为本，有人却说“无私奉献过时了，只有国家对我好，我才能对国家好”，“个人利益可以置于集体利益、国家利益之上”等等，这些观点都是片面的、错误的。大道理无须多讲，我们到美国，看到美国前任总统肯尼迪的墓碑上刻着一句名言：“不要问国家为你做了什么，要问你为国家做了什么。”我们到美国哈佛大学访问，校门口有两句醒目的话：“为增长智慧走进来，为服务祖国和同胞走出去。”如果我们把以人为本理解为以自我为中心，就曲解了以人为本的本质含义。

第6讲

做人要有人文素养

所谓人文素养，主要指对人的深刻认识，对人的人文关怀。具体讲，就是要确立做人的基本品德，遵守做人的道德规范，追求做人的美好理想。

社会转型，价值多元，文化多向，思想文化多样多元多变，一些人价值混乱，道德滑坡，诚信缺失，底线失守，甚至搞不清我是谁，为了谁。各种利益，各种诱惑使人浮躁、焦虑、短视，失去定力。有人讲，这是个最好的年代，也是个最让人忧虑的年代。为什么这样呢？因为社会已经历大转型，一方面社会为每个人提供了奋斗的平台，一方面又让每个人焦虑、恐惧和疯狂。当今社会，急需人文精神，呼唤人文素养。当今中国有三个社会现象值得大家深思。

一、值得深思的社会现象

第一个现象，人文精神衰落。

有一则微博这样写道：当今社会，养二奶的越来越多，养奶奶的越来越少；出书的人越来越多，读书的人越来越少；要手腕的人越来越多，要手艺的人越来越少；未婚同居的人越来越多，婚后同居的人越来越少；肚子大的人越来越多，肚量大的人越来越少；知道周迅的人越来越多，知道鲁迅的人越来越少。

第二个现象，人文知识贫乏。

一所地处偏远的小学在上美术课，讲台上放着一尊断臂维纳斯的石膏塑像。学生甲说：这个塑像怎么没有胳膊？学生乙回答：不是我弄坏的。学生丙一旁赶忙解释说：这塑像买回来的时候就是残的，没胳膊。学校经费紧张，买的是次品。学生甲很生气地说：再穷不能穷教育，下次一定要买好的，有胳膊的……

第三个现象，民族精神弱化。

在全球化背景下，民族意识弱化，国内不少地方民族节日逐步淡化，中秋节变成了月饼节，端午节变成了粽子节。国内节日不过了，却热衷于洋节，如圣诞节、感恩节、情人节。

日本有一位叫稻盛和夫的企业家，被誉为“经营之圣”，创造了两个世界五百强——京瓷和KDDI。当年日航面临倒闭，七十多岁高龄的他临危受命，受首相拜托，零工资出任日航总裁，出乎人们意外的是，他竟然用一年的时间就让日航复苏，而且赢利一千四百亿日元。有人就问稻盛和夫，您靠什么创造了这一奇迹？稻盛和夫说：“靠中国的孔孟哲学。”

二、理解人文素养内涵

什么是人文素养？主要指“文”、“史”、“哲”三方面的知识，其中的“文”，指广义的文学，包括文学、艺术和美学；“史”就是历史；“哲”，就是哲学。一个人有了人文知识，并不等于具备人文素养，只有让人文知识进入到人的认知本体，渗透到生活与行为当中，才算有了人文素养。

正反两个方面的经验教训告诉我们，“人文”不仅是一种精神境界，更是一种生命信念，其核心是人的生命意义和价值。我们不仅要正确认识和处理人与自然、人与社会、人与他人和人与自己的基本关系，树立正确的自然观、人生观、道德观和自律观，更应懂得生命的意义和价值，既要有丰富的物质生活，更要有高尚的精神境界。

人文素养主要包括三点：第一，优秀的文化；第二，经典的哲学；第三，人类基本的价值理念。你不熟悉优秀的中外文化，就不可能有基本的表达能力；不熟悉中外历史，一张嘴就会出错；不掌握经典哲学和人类基本价值理念，一出门就会走偏路。

人文素养是做人的精神品格。人文文化是一种自省的文化，人文关怀体现了高度的文化使命感。人文精神是真、善、美的人类理想体系，是“人之所以为人”的内核蕴含。培育人文素养，目的在于促进人作为生命主体、精神主体的自我完善，促进在“如何做人”、“做什么样的人”等人生重大课题上的深层思考。

人文素质是一个人发展的精神动力。人的精神世界主要有三大支柱：科学、艺术、人文。科学追求的是“真”，给人以理性；艺术追求的是“美”，给人以感性；人文追求的是“善”，给人以悟性。人文既有深刻的理性思考，又有深刻的情感魅力。一个人的精神世界不能没有科学，也不能没有艺术，更不能没有人文。

因此，我们要加强语言、文学、历史、哲学等人文学科的修养。语言是思维工具，文学是想象，历史是记忆，哲学是思维的结果。

没有语言思维，没有语言修养，就没有语言魅力，就缺乏力度。爱因斯坦说："一个人的智力发展和他形成概念的方法，在很大程度上取决于语言。"德国一位哲学家也说过，"失去语言我们将一无所有"。他们的话揭示了语言在一个人发展、一个国家发展中的重要性。

语言能力是人的智能结构中最基本的能力，不管从事什么职业，其语言能力都是延至终生的。人在社会生存中所需要的智商和情商都在语言能力中得到体现，它们与语言思维能力、交际能力相关，这两种能力决定人生的成败。如何用智慧点亮语言，如何使用语言启发智慧，体现一个人的智商；如何以理服人，以情动人，往往体现一个人的情商。语言能力不仅是一种普通的生存技能，而是经由语言展现出来的体现真善美的整体人文素质。

你讲的话要让别人易于认同、理解、接受。有位学者在国外大学演讲，演讲后有人提问，你们什么时候把毛泽东照片从天安门上拿下来，这位学者没讲生硬的大道理，话语体系具体实在，回答得很得体。他说永远不会拿下来，为什么？第一，毛泽东是个民族英雄，多少人为了救这个民族，前赴后继都没成功，但他带领人们走出来了。第二，毛泽东是个思想家，比如他讲"为人民服务"、"实事求是"等思想，告诉人们怎样做人怎样做事。第三，毛泽东是个才子，他的文章，他的书法，他的诗词非常优美，中国人是重才的，对这样的人才是很敬仰的。他没说，毛泽东是伟大的革命家，他没说毛泽东全心全意为人民服务，是彻底的唯物主义者。在国外讲，要考虑你的受众听众，他的世界观是什么，你的观点是让别人接受。怎么讲，用什么语言，你要动脑筋。

著名作家王蒙在他的著作中写道，1946年他16岁时，听到国民党和共产党两位要员的谈话。前者的讲话官声官气，装腔作势，文理不通，一片陈词滥调。而后者却为民立言，润物启智，充满着新思路、新观念、新名词，令人振聋发聩。他从二者讲话的鲜明对比中看到政党的前景和政权兴衰。王蒙说："一个政权的衰落是从语言的腐烂上开始的。"

相当长一段时间以来，我国公民语言素养的状况不容乐观，体现在一些人日常对汉字使用的随意，对汉语言文化失去敬畏之心，体现在一些人对于民族文化认同感和崇敬感的减弱，体现在经典文本中蕴含的审美与道德内涵的被忽视。当前年轻人普遍存在文字使用不规范，逻辑思维水平低下，母语情节弱化等问题。

没有文学思维，就缺乏广度。文学给人宽广眼界。所谓宽广眼界，主要是深远眼光和全面眼光。认识问题观察世界有时需要肉眼，有时需要显微镜，恐怕更多时候需要望远镜，登高望远，才能高屋建瓴，才能深入本质，势如破竹，一针见血，更深刻更全面认识世界。没有文学思维的人看一块石头就是一块石头，一粒沙子就是一粒沙子。具备文学思维的人，可以从石头里欣赏风景，从沙子里透视灵魂。

文学核心意义是展现人类灵魂的高度，创造真善美的理想境界。著名学者王国维巧用文学思维，论述治学有三种境界：一是"昨夜西风凋碧树，独上高楼，望尽天涯路"；二是"衣带渐宽终不悔，为伊消得人憔悴"；三是"众里寻他千百度，蓦然回首，那人却在灯火阑珊处"。学习也要有这三种境界。首先，学习要有"望尽天涯路"那样志存高远的追求，耐得住"昨夜西风凋碧树"的清冷和"独上高楼"的寂寞，静下心来通读苦读；其次，学习要勤奋努力、刻苦钻研，下真功夫、苦功夫、细功夫，即使"衣带渐宽"

也“终不悔”,“人憔悴”也心甘情愿；再次，学习贵在独立思考、学用结合、学有所悟、用有所得，在学习和实践中“众里寻他千百度”,最终“蓦然回首”,在“灯火阑珊处”领悟真谛。

文学，就是使看不见的东西被看见。假如有一个湖，湖岸上有一排白杨树，这是我们平常感受到的现实世界。事实上另外还有一个世界，那就是白杨树在水中的倒影。我们如果只知道有岸上的白杨树，而不知道有水里的白杨树，那么做出来的很可能是一个片面的、单层次的、简单化的价值判断。

文学既反映人们的精神世界，又引领人们的精神生活，“文载道”“诗言志”，这是中华民族的优秀传统。北宋张载有“横渠四句”：为天地立心，为生民立命，为往圣继绝学，为万世开太平。这是何等博大的胸襟气概和高远的思想境界。

没有历史思维，就缺乏厚度。历史、现实、未来都是相通的。历史是过去的现实，现实是未来的历史。今天的一切都是昨天历史的延续，历史可以使人明智，历史可以提供借鉴，历史可以增强一个人的民族自豪感。历史是一个民族、一个国家形成、发展及其盛衰兴亡的真实记录，是最好的老师。不知过去，无以图将来。你能看到多远的过去，就能看到多远的未来。

未来学家阿尔文·托夫勒说，如果我们不向历史学习，我们就将被重演历史。习近平总书记指出，具有历史文化素养，最重要的是具有历史意识和文化自觉，即想问题、做决策要有历史眼光，能够从以往的历史中汲取经验和智慧，自觉按照历史规律和历史发展的辩证法办事。我们需要镜鉴启迪，需要从历史这部教科书中汲取继往开来的力量，吸纳中华民族漫长奋斗积累的文化养分，增厚历史文化底蕴，提升历史素养。

学习历史，不仅让我们获取历史知识，更重要的是掌握历史地看问题的方法，从而转变成改造世界的现实力量。西方有人说，中国应该改变历史宣传的角度，不要再搞屈辱史的宣传，应该跟上时代潮流。此话是片面的错误的。忘记历史就意味着背叛。历史是客观存在的，历史是最好的教科书。一个没有历史记忆的民族是没有前途的。今天我们对历史的回顾，并不是沉耽在历史的苦难上唉声叹气，而是要从历史中塑造民族精神、民族魂，认识和把握中国社会发展规律，激发人民继续前进的信心和勇气。鲁迅先生说："惟有民魂是宝贵的，惟有将他发扬起来，中国才能有真进步。"华东师范大学与纽约大学合作筹建上海纽约大学的过程中，中方希望开设金融、法学课程，而美方坚持要开设历史、哲学等学科。他们认为，本科生不学些历史、哲学，就不可能成才。

中国绘画大师徐悲鸿的代表作中，有许多取材于中国古代的典籍，如《田横五百士》就取材于司马迁的《史记》,《九方皋》《愚公移山》取材于《列子》。如果没有丰富的文学修养和历史知识，对历史故事的含义不能作深入的理解，徐悲鸿要想完成这些重大历史题材的创作、画出有震撼力的伟大作品，显然是不可能的。

著名历史学家傅斯年在当台湾大学校长时，要求学生必须细读一个学期的《孟子》,读一个学期的《史记》。读《孟子》是为了知道怎样做一个堂堂正正的中国人，读《史记》是为了更好地了解中华民族的历史。

没有哲学思维，就会缺乏高度。哲学是我们认识世界的科学方法，它好比黑夜中的星斗、大海中的灯塔。如果缺乏哲学思维，分不清真善美，就不可能成为人才。

哲学实际上是一种和自己谈心的方式。这种哲学，与每个人都息息相关。每个人在生活中都会遇到问题，遇到困惑，每个人都在过具体的生活，过具体的日子，做着具体的事情，和一些具体的人打交道。而哲学就是让你从具体的事情、日子里面跳出来，想一想人生中什么是最重要的，什么是不重要的。哲学就是教你如何看准、抓住重要的东西，如何看开、放下不重要的东西，让你对人生有一个定位，有一个目标，不至于过得太纠结。

哲学，表面上看，好像是“无用学”，不解决任何具体问题；实际上，哲学能帮助解决所有问题，是“大用学”。它既能让人窥一斑而知全豹，又能让人见一叶落而知天下秋。所以，哲学好比阳光。学习哲学，能让人看事明明白白，不被假象所骗，不被表象所惑；做事清清楚楚，不会糊里糊涂搭错车。

哲学既能帮助人们面向现实问题，更能帮助人们仰望天空。对人的发展而言，哲学具有独特的价值和功能，它可以提升人的素质，使人变得富有理性，使人有坚定的人生信念和理想，使人能够进行复杂的思维，使人的言行富有条理。在哲学的熏陶下，人们会变得不仅有知识，而且有文化；不仅有理智，而且有智慧；不仅有世俗的考量，而且有人文的关怀。

作为以逻辑语言为手段而进行理性分析的学问，哲学可以让人变得言行更有条理，思维更加缜密；作为反思性的思维活动，哲学以批判性思维为特征，思索现实及其局限性，使人们的眼睛不断投向更加理想的境界，因而哲学能够拓展人们的视野，培养人们独立思考的能力，提升人们的思想创造力和实践创新能力；作为一种整体世界观的学问，哲学有利于培育人们战略思考的能力，哲学思维的全局性和系统性让人具备某种宏大的视野，能够在思考任何具体问题时也观照全局及整体；作为提倡辩证思维的唯物辩证法，哲学可以帮助人们在变化无常的生活和工作中把握基本的方向和立场，同时又能够全面考虑问题，保持头脑的灵活性；作为根本性的人生观和价值观，哲学不仅为人类寻找发展的方向，也为每个人的生存、生活、发展提供安身立命的根本，促使人们憧憬理想，让人们在生活中充满希望且乐观向上；作为民族文化的内在灵魂，哲学能够以最凝练的方式提升人们的人文素质，让人精神丰富且心灵通达，通晓历史发展规律和发展趋势。有了规律性的认识，人们就往往具备科学而坚定的信念、理智而坚毅的品格；作为爱智慧的思维活动，哲学的本意起自爱智慧，它可以帮助你追求智慧，既勇于进取又生活豁达。哲学不仅给你以智慧，也引导你仰望星空，走向崇高。

这里需要指出的是，东方的哲学与西方的哲学不同，东方哲学是感悟主义，经验主义，是归纳法；西方哲学是实验主义，逻辑主义，是演绎法。中国哲学属于心灵之子，西方哲学与科学合二为一。

世界如今变得五彩缤纷，令人眼花缭乱，唯有哲学可以给你一双慧眼，让你凭借自己的智慧，把万千世界看得真真切切。

三、人文素质价值

语言、文学、历史、哲学等人文学科在人的发展中具有举足轻重的作用。台湾女作家龙应台是这样来解读人文素质的：文学使你看见原来看不见的东西，可以让你看见水里白杨树的倒影；哲学使你从思想的迷宫里认识星星，从而有了走出思想迷宫的可能；历史就是让你知道，沙漠玫瑰有它的特定起点，没有一个现象是孤立的。所以，语音是让你表达，文学是让你看见，哲学是让你定位，历史是让你连接，这些都是人文的价值。正像哲学家培根所说的那样，历史使人聪慧，诗歌使人灵秀，数学使人精细，自然科学使人深沉，伦理学使人庄重。一个人只有高超的技能，没有人文底蕴，充其量是人手，而不是人才，生存尚可，发展乏力。没有坚实的文化积累，开阔的文化视野，深厚的文化素养，即便有足够的聪明，也不是“大聪明”，也不是“大视野”，将来也不会成为大器大才。

特别是高层次的道德感、社会责任感主要依靠文化来积淀。文化的根本在“化”，这个“化”就是内化、融合、升华、超越。要把正确做人做事的道理渗透到人的灵魂里面，人为什么活着，人应该怎样活着，这是自然科学所不能解决的问题。因为人活着，生命太需要得到支撑的东西，生活太需要得到鼓励的东西。

人文素质是人在社会化过程中与自我完善的过程中，起支配作用的核心因素，是我们在社会生活和工作中最具竞争优势的素质。人文素养是一种基础性素质，它对于其他素质的形成与发展具有很大的影响力。未学做事，先学做人。人文素养的培育对于形成健全人格、改善思维方式、冲破狭隘功利主义意义重大。

当良好的人文素养内化为品性中的一部分时，无论他处于怎样的境遇，都能协调好自己的知、情、意、行，较好地适应外部环境，保持乐观、向上的精神状态。思想境界、品德情操、认知能力、文化教养，是人全面发展最重要的标志。人文素养不是天生的，是人文知识的积累与内化的结果。从学校的方面来讲，在学校的课程设置里，所有学科的整体教育里，都应该有人文素养教育理念的渗透。

人文素质对个人发展、成功成才具有重要作用。人生道路能否走好取决于人的素质，文化素质对人生道路具有决定性的影响。余秋雨先生曾经说过一句话：“人生的路，靠自己一步步去走，真正能够保护你的，是你自己文化的选择，真正伤害你的，也是文化的选择。”人文是一种精神财富，是一种从内心深处流淌的思想，是不可缺少的基本素质。我们知道，有文凭不一定有水平，有职称不一定能称职，有资历不一定有能力。但我们可能不知道，有智商不一定有智慧，有知识不一定有思想，有文化不一定有教养，有见解不一定有见识。

球员姚明在美国打职业联赛9年，美国职业篮球总裁大卫·斯特恩这样评价：姚明是一个有礼貌、有良好教养的年轻人，在赛场上和社会活动中，他是中西文化之间的桥梁。

大家喜爱姚明，不仅是因为球技，从他身上，世界看到一代中国青年所具有的文化气度。有文化学者讲，人本来是散落的珍珠，随地乱滚，文化就是那根柔弱又坚韧的细线，将珠子串起来成为社会。这不仅体现为一种生活理念，更体现为一种价值观，这样的文化素养，才会塑造令人尊重的现代公民。

香港科技大学人文社会科学学院院长李中清教授表示，大学生认为人文学科“无用”，这是一种短视，现在很多美国学生毕业后拥有了不错的职位，由于人文素养的欠缺，职业发展的“瓶颈”很快降临，而那些人文素养更高的学生，在职场上“可持续发展”的动力更强。

在构成人的发展的知识、技能和人文素养“三维”中，人文素养的缺乏，会使知识和技能难以发挥有效作用。而现代社会对人的全面性和平衡性的要求，决定了人文素养在人的成功中不可或缺。知识、技能、人文素养是人成长的三个要素，构成了一个稳定而富有活力的“三脚架”，奠定着基础，影响着现在，支撑着未来。而在这三者中，人文素养具有纽带和导向的作用，既是汲取知识的动力，也是技能运用的方向。如果缺少了人文素养，再多的知识也只能是一纸空文，再好的技能也许对社会也无多益。因此，人文素养在人成长中的核心地位不容小看。

因此，在一个分工精密化和知识专业化的现代社会中，大学除了担负着传授专业知识这个重要职责之外，仍然应该像传统的大学那样承担起一种神圣的天职，那就是培育学生的人文精神。一所真正意义上的现代化大学，不仅要培养出大批的科学家、工程师、律师、会计师和计算机专家，更应该塑造出睿智的灵魂，培育出具有深厚的人文素养和崇高的道德情怀的健全人格。换言之，大学不仅要培养专业人才，更应该培育人。在任何时候，对于大学来说，陶冶性灵都是比造就专家更为重要的事情。因为大学的首要之义就是要发掘和弘扬人性中的那些神圣而美好的潜质，而不是批量生产模式化的专业人才，这正是大学不同于工厂的关键所在。

人文素质对一个国家、民族发展至关重要。人文是人的灵性所在，是人之所以成为人的核心所在。人为什么能够成为万物之灵，因为我们是理性与感性的统一体。所以，首先要有人性，就是人文关怀，有道德，对社会负责；其次，要有知性，就是要有知识，有智慧，掌握科学技术，实现人性与知性的统一，这样才能避免人性的异化，避免用高科技手段造成危害人类的后果。

有知识，没有人性的人更可怕。一位纳粹集中营的幸存者，当上了美国一所中学的校长，每当一位新老师来到学校，他就交给那位老师一封信，信中这样说：

亲爱的老师，我是集中营的生还者。我亲眼看到人类所不应当见到的情景：毒气室由学有专长的工程师建造，儿童由学识渊博的医生毒死，幼儿被训练有素的护士杀害，妇女和婴儿被受过高中或大学教育的人们枪杀。看到这一切，我怀疑：教育究竟是为了什么？我的请求是：请你帮助学生成为具有人性的人。你们的努力绝不应当被用于制造学识渊博的怪物、多才多艺的变态狂、受过高等教育的屠夫。只有在能使我们的孩子具有人性的情况下，读写算的能力才有其价值。

知识固然重要，但人性比知识更重要。人性是共同相处、共同生存、共谋发展的基础。一个充满人性的人，共同生存能力强；一个缺乏人性的人，共同生存能力弱。人性是共同生存的基础，共同生存是人性的体现。

在第二次世界大战时，有一个记者问英国首相丘吉尔："莎士比亚与印度哪个更重要？"印度当时是大英帝国在海外最大的殖民地，人口最多，土地最广。丘吉尔首相回答："宁可失去五十个印度，也不能失去一个莎士比亚。"人类之所以伟大，现在看来，不是因为他能够征服世界，主宰世界，而是因为他拥有文化，拥有精神。

历数包括葡萄牙、西班牙、荷兰、英国、法国、德国、日本、俄国、美国等世界发展史上的所有大帝国，其兴起与没落无不与思想文化有关。道理很简单，失去精神支撑的经济繁荣，一个时期可以，长期不行，因为精神追求的虚无，价值观的扭曲，最终要反映到经济和社会生活中来。为什么丘吉尔扬言，宁愿失去一个印度，也不愿失去一个莎士比亚？那是因为，在英国成为大帝国的过程中，莎士比亚的作品提升了这个民族的人文精神。在那个安葬了72位包括政治家、思想家、作家、艺术家和科学家在内的法国先贤祠，正门上镌刻着："献给伟人，祖国感谢他们！"为什么？那是因为，在法国人心目中这里是思想与精神的圣地，是那些伟大的人物成就了法国的精神和文化。

一个国家、一个民族没有科学技术一打就垮；而没有人文精神，不打自垮。文化的力量是最强大的，最坚韧的。日本占领台湾50年，连说台湾话（闽南语）都是非法的，所以在台北那时候听不到中国话，全说日语。但是文化是割不断的，所以当1945年日本投降，台湾光复，一夜之间台北满街都是说闽南话。

这里需要特别强调的是，人文素养对科技创新具有重要作用。十多年前，美国学者A·萨克森尼克对比了世界两大最有影响力的科技创新中心：一个是远离美国政治中心华盛顿，依托斯坦福大学而形成的硅谷，一个是紧邻着排名远高于斯坦福的哈佛大学和麻省理工学院的128号公路科技园区。尽管这两个科技创新中心的体制环境基本相同，但却发展迥异，前者蒸蒸日上，后者日渐衰败。究其原因，前者受西部牛仔文化不受约束、开放的人文环境影响，后者受东部等级森严、保守的英国传统文化影响，疏远市场，两者发展情形的差异，究其根源是人文文化的影响。

诺贝尔奖获得者最多的美国加州理工学院认为，自然科学只能提供知识，而不能提供智慧。什么叫智慧，智慧是知识和判断的总和。为了取得智慧，理工科出身的人必须学习人文科学。

我国专家学者也认为，理工科出身的人只能当老师，不能当大师，要当大师，必须借助人文学科。著名数学家苏步青是一位文学修养极好的优秀诗人。美国的莫尔斯是电报的发明者，却是一位曾担任美国全国画家协会主席的著名画家。这些例子说明，成就一个大师，必须以综合的全面知识为基础，以全面的人格修养为基础。

美国苹果公司总裁乔布斯有个经典观点，他愿把他所有的科技活动去换取和苏格拉底相处的一个下午。苏格拉底是古希腊大哲学家，柏拉图也是他的学生。建筑大师梁思成先生提出，建筑师应有哲学家的头脑，社会学家的眼光，工程师的精确，心理学家的敏感，文学家的洞察力，但最重要的，他应是一个有文化修养的综合艺术家。

工程师过去仅仅是工程技术行业的人员，但是21世纪的合格工程师不仅要有工程技术知识，而且要学习人文环境、自然环境、公共政策，要学会跟政府打交道。一个21世纪的合格工程师必须回答好四个问题：1. 会不会做，这是技术要求，最起码的；2. 值不值得做，这是经济学的要求；3. 可不可以做，这是法律学的要求；4. 应不应该做，这是生态环境和伦理学的要求。21世纪的合格工程师必须全面掌握自然科学、技术科学、人文科学、社会科学。

在现代科技革命条件下，人的文化背景越宽厚，融会贯通能力越强，越容易接近科学前沿。什么叫天才？哲学家怀特认为，天才是一个人的心灵中产生了有意义的综合。竞争诺贝尔奖的选手需要深厚的人文底蕴和文化内涵，需要大思路、大智慧、大视野。爱因斯坦相对论，与其说是物理学上的重大发现，还不如说是他用其深邃的哲学眼光提出的伟大理论。歌德、席勒、贝多芬都受到康德哲学思想的熏陶，贝多芬音乐在本质上是康德哲学的旋律化或音响化。

科学和人文，本是人类认识和改造世界的两条并行不悖之“道”。从理论上讲，科学更加强调逻辑和理性，提供知识和方法，帮助人们认识真理，直接促进生产力的发展，促进物质财富的增加，提高人类的生活质量。

人文则更强调和谐和感情，关心人的精神世界，引导人们追求善和美，赋予人类的生产和生活及科学活动本身以意义和价值的导向。如果科学有人文辅助，就可以更加明确自身的价值和意义，明确正确的发展方向，在创新思维上也有所启迪；如果人文有科学支撑，就可以更加严谨和厚重，在研究、创作、知识传授和考察方法上也能有所借鉴。类比古老的中国哲思，科学旨在求证“天道”，人文则关注和审思“人道”。科学与人文相互融合，相辅相成，有利于实现“天人合一”，有利于彼此健康发展，共同推进社会进步。

第7讲

做人要有职业精神

所谓职业精神，就是把本职工作当作事业全身心投入奋斗，当做学问时能全身心地学习研究。人走向社会第一步，首先要成为一个称职的人，称职的员工，称职的公务员。要在职业中获得更大的成功，获得更大快乐，必须把谋生职业看作终身事业，必须具备职业精神。

一般讲，对待本职工作有四个层次的境界：第一个层次，把本职工作看作上级对职业角色的规范；第二个层次，把本职工作看作出于职业责任的要求；第三个层次，把本职工作看作是出于职业良心的活动；第四个层次，把本职工作看作幸福快乐的体验。毫无疑义，职业精神是本职工作的最高层次，最高境界。

目前，社会有些人缺乏职业精神，职业感、使命感、责任感不强，人生目标虚化。人生悲观、郁闷、失落，对什么都表现出没兴趣、没意思的态度。无端地打发时光，无端地消耗生命，无端地缩小自我。社会责任弱化，对工作挑三拣四，对困难避而远之，对责任避重就轻，领导要求我就做，领导不说我不做。思想观念僵化，因循守旧，墨守成规，瞻前顾后，等待观望，小进则安，满足现状，坐井观天。价值取向物化，用金钱衡量事物，用物质看待社会。价值主体自我化，价值取向功利化，价值目标短期化。

如何对待本职工作，有三种态度：

一种是把本职工作当事业，甚至生命，敬畏肩上的担子，有一种很强的责任感、使命感。一种是把本职工作当职业，上班是为了养家糊口，为了饭碗，是谋生手段和方式。还有一种是把职业当作副业，成了第二职业，打自己的“小九九”忙自己的“小生意”，种自己的“自留地”。态度反映境界，态度决定状态，三种不同态度，反映了不同的世界观。

现在有个认识误区，认为职业等于事业，把职业与事业混为一谈，这两者其实是有本质区别的。职业是低层次的，是谋生手段，是饭碗；事业是高层次的，是人生价值的体现。职业是工作岗位的外在规范要求，事业是内心自觉的执着追求。说白了，职业是要我干，事业是我要干。

从学校到职场代表着人的社会身份的转变，从职业到事业代表着人的精神境界的转变。职业是社会分工，事业是自我实现；职业是功利的，事业是超越的；职业是被动的，事业是主动的；职业是一时的，事业是终身的；职业是机械的，事业是创造的。一个人如果有强烈的事业心，高度的责任感，把职业当作事业，就会产生工作激情，达到累并快乐着，辛苦并享受着的思想境界。

当年，有记者问诺贝尔奖得主崔玛，你是否觉得很累？他回答，“我”每天进实验室的时候，就像去迪斯尼那样充满了兴奋。牛顿晚年对侄子讲，“我”像海滩边玩耍的男孩，偶然间发现了一粒比较圆的石头，或一粒比较漂亮的贝壳，刻苦、辛苦和快乐幸福完全能够相得益彰、融为一体。

美国苹果公司总裁乔布斯，每天在想什么？琢磨什么？乔布斯是个工作狂，乔布斯关心苹果关机为什么要用那么多时间，能不能快点？为此他会跑到员工开发办公室拿笔在墙上算全世界多少人用电脑，如果每次开关快30秒，那么能为全世界的苹果消费者节省多少时间。乔布斯整天都在为消费者考虑，为了消费者提高产品质量。我们不是没有聪明人，是精力不放在这些地方，是另外一种游戏规则在支配他们的时间，支配他们的精力。

有位哲人曾经说过，世界上只有三种人：为生计而忙碌的人；为满足欲望而苦心经营的人；为自我实现不懈奋斗的人。第三种人就是有职业精神和事业心的人。

培养职业精神，主要抓好以下几项工作：

（一）要大力推进职业化建设。职业化过程是按照职业要求改造自我的过程，将外在要求内化为自我修养。真正的职业化，不在于干什么，而在于怎么干。职业化既是一种内在的精神动力、信念信仰，也是职业的孜孜以求，精益求精，以此为生，以此为业，具有自觉的职业化意识，高尚的职业化精神，良好的职业化素养，专业的职业化能力，规范的职业化行为。在人的职业生涯中，奉献比索取更重要，幸福比名利更重要，事业比职业更重要。

（二）培养强烈事业心。如果把工作看作谋生的职业饭碗，就可能“做一天和尚撞一天钟”，既不会有创造的冲动，也很难在工作中享受创造的幸福。只有把职业当做事业，才会激发工作的激情，享受创造的快乐，享受创造的幸福。

无论从事什么工作都要有事业心，认真做事，努力做事，用心做事，勤奋做事。要积极不要推诿，热情不要懈怠，勤奋不要懒惰，好学不要自满，尽职不要应付，完满不要残缺。我们要把本职工作视为生命，把工作融入到生活中，达到“工作就是生活，生活就是工作”的境界。就像日本“寿司神”小野二郎，80多岁了，一辈子做寿司，他对寿司的热爱就像对自己的孩子一样。他尽心尽力做事，不断提高技艺，做到尽善尽美，实现人生价值。

成就一番事业，就要有一颗事业心。现在的“跳槽风”是“事业心”最大杀手。应当讲，跳槽的成功者也有自己的幸福：职位越跳越高，薪水越跳越高，地位越跳越显眼，一时也很有幸福感。然而，跳槽的幸福感像跳槽一样，来得快也去得快。在跳槽者眼中，职业仅仅是一种谋取利益的手段，他对自己工作不可能再有奉献精神，更难以创造激情。

法国大思想家帕斯卡尔说：“人的一生由爱情开始，由抱负告终是幸福的。”有抱负就是“事业心”，这是一种高尚的情操，一种可贵的道德精神，一种神圣的幸福感。

事业心主要取决于自身内在因素，包括自觉性、责任心、进取意识等。有了自觉性，无论有没有压力，无论领导在场不在场，无论何时何地，从事什么工作，都能去认真做事，表现出发自内心的高度自觉。有了责任心，就能千方百计地成事。责任心是对自己所担负工作的清醒认识，任劳任怨，脚踏实地，想方设法把事情做好。有了进取意识，就能不断提高工作标准，不甘落后，永不放弃，永不言败；保持蓬勃向上的朝气，开拓进取的锐气，不畏艰险的勇气。

一般来讲，人们做事分四类：一是用混日子做事的人，做事混着，得过且过；二是用力做事的人，认认真真把事办好；三是用脑做事的人，不仅用力做事，而且总是创造性地把事情办好，令人惊喜；四是最高境界，用心做事的人，不仅用力用脑，而且有强烈的事业心和责任感，事不做好绝不罢休。

世界上，那些拥有职业精神的人的共同特征，就是对事业的真挚热爱。居里夫人是世界科学家中唯一两次获诺贝尔奖的。爱因斯坦在她墓前致悼词时，没有一句称赞她两次获诺贝尔奖的科学成就，而是通篇颂扬她献身科学的伟大精神。居里夫人是克服了多少困难，经历了多少失败，才终于提炼出镭。成功后她说她的发现应当属于全人类，没有申请专利，把技术无私告诉别人。正像她女儿所说，她是奉献所有，而毫无索取，她女儿在她职业精神感召下，同样为科学献身并获得诺贝尔奖。

我们每个人都要认真想一想，工作究竟是为什么？有人说工作是上班，甚至说，工作就是“遭罪”，这是一种被动意识，这种人不会有出息，当然也不会幸福。

有人说“工作就是促进效率”，这是一种被迫意识，但比前一种意识好一点，也会得到一点小幸福。

有人说“工作是自我升值”的实现，这是主动意识，这种人会有一点幸福，会有出息。

有人说“工作就是学习”，这是更为主动、更为理性的认识，这样的人肯定会有出息，会收获很多幸福。

有人说“工作就是快乐”，这是丰田公司的口号，这是最高层次、最高境界的认识。达到这种境界的人干工作“有瘾”，不但会有出息，还一定会获得更多幸福。

正像居里夫人所讲，科学的探讨研究，它给予人的报酬就是愉快，所以能在工作里面得到快乐。

马克思在《青年在选择职业时的考虑》一文中有一段感人的名

言:"如果我们选择了最能为人类福利而劳动的职业，我们就不会被它的重负所压倒，因为这是为全人类所做的牺牲。那时我们感到的将不是一点点自私而可怜的欢乐，我们的幸福将属于千万人，我们的事业并不是显赫一时，但将永远存在，面对我们的骨灰，高尚的人们将洒下热泪。"这个世界就是这么古怪，把钱看得过重的人往往最终赚不到钱。特别是对那些即将毕业走上社会的青年人而言，如果把金钱视为选择职业的首要因素，那么除了少数幸运儿，可能大多数人都将品尝失落的苦涩。

（三）要焕发工作激情。对工作要有一种真正积极向上的工作激情，精益求精，争创一流。激情不是一个瞬间状态，而是一种文化积淀。这种激情，主要表现在面对机遇，敢于争先；面对艰险，敢于探索；面对落后，敢于奋起；面对竞争，敢于创新。一个人只有永葆激情，才能不断超越自我，成就辉煌人生。

一个人想干事，干出名堂，干成功，必须焕发奋发向上的工作激情。前苏联一位作家在其《奇特的一生》书中写道:"大多数人，从来不想尝试超越自己可能性的局限，很多人是以低于自己一半的效率在生活。"人的潜能是巨大的，人生难得几回搏，挑战自己的极限，勇敢地面对一切，才是真正意义上的成功者。发掘最大潜能，耐得住寂寞，守得住清贫，全身心奉献。实际上，学习发现和学习收益的满足感、成就感是对付出的最好回报。居里夫人曾讲过，科学探索研究，其本身就是一种至美、一种享受，带来的这种愉快本身就是一种酬报。著名诗人歌德也认为，一个真正有才干的人，都在工作过程中感到最高度的快感。因为以苦为乐，苦中作乐，是一种至高无上的思想境界、哲学境界。

世界魔术大师胡安在回答是什么使他取得如此巨大成功时，他说是激情，是渴望看到观众在表演结束时，眼中流露出不可思议与赞叹，就像是在体内燃烧的火焰，并用这种火焰去感染别人。

美国成功学大师卡耐基把激情称为“内心的神”，认为一个人成功的因素很多，而首要的因素就是激情。做好本职工作，需要有激情，攻坚克难更要有激情。有了对事业的激情，人的潜能就能最大限度地调动起来。

（四）培养正确的人生观、价值观。人生就是要奉献，要活得有价值，有意义。马克思在讨论人同动物区别的时候，曾做过这样的论述：人和动物都是一种生命活动，但这是两种不同的生命活动。动物是一种生存的生命活动，人是一种生活的生命活动，动物按照本能的生命活动就叫生存，人是一种有意识的、有目的的生命活动，就叫生活。动物只能按照自己的本能存在，只有属于自己物种的一个尺度；而人有两种尺度，人既有物种的尺度，又有人的内在的、本质的、固有的尺度。

人生本来没有意义，努力工作会使人生变得有价值、有意义。人生是一场没有既定脚本，预先也不知道结局的戏，全靠自己的解读和演绎。命运给我们安排了各种角色，你不必为没有当主角而烦恼，也不必为提前退场而伤感，重要的是已经演过了，尽力了，只要你清清白白做人，认认真真做事，在人生大舞台徐徐落幕时，就可以问心无愧而优雅地退场。

（五）勤奋读书学习。培养职业精神很重要的一点，就是加强自身学习。把本职工作当做一门学问、一门艺术学习研究，当做一项建功立业的事业奋斗实践。

学习是职业之基，事业之本。当今世界和当代中国，正处在大发展、大变革、大调整过程中，新知识、新技术、新思路、新理念层出不穷。我们面临的机遇很多，变数也很多，我们不会的东西很多。我们在想问题、干事业的时候，可能会受到知识结构、知识背景的影响，打不开思路，出现认识偏差甚至判断失误。因此，培养职业精神，一定要加强学习。

现在有三句话讲得到位，过去不认字是文盲，现在不懂计算机、外语则是功能性文盲，将来不会学习的人是现代文盲。摩尔定律有句名言："你永远不能休息，否则你将永远休息。"知识经济时代对每个人都提出了新的要求。

当前，最大的挑战是能力的挑战，最大的危机是职业危机，最大的恐慌是知识恐慌。勤于学习，才能进步，才能适应，才能视野开阔，才能与时俱进；荒疏学习，必然陷于停顿、僵化、落后、落伍。我们身边有许多例子说明，如果在同一起点上起步，一个爱学习、爱思考和一个不爱学习、不爱思考的人，几年下来，两者的素质、能力、后劲和前途都是大不相同的。

目前，终身学习理念已成为国际社会共识。所谓终身学习是指"学会学习，学会做事，学会生存，学会共处"，这是21世纪教育的四大支柱，也是每个人成才成功的根本途径。

一项研究资料显示，在知识更迭日益加快的今天，一名本科生走出校门两年内，一名硕士生毕业三年内，一名博士生毕业四年内，如果不及时补充新知识，其所学的专业知识将全部老化。同时，随着知识更新周期的缩短，经验价值在职业生涯中的权重慢慢低于新知识价值。一个人要保持不变的竞争优势，不被淘汰，就必须具备比别人学得更多更快更好的能力，及时更新自己的知识。

自从人类进入工业化阶段以来，每一次"转型"和"升级"其实都伴随着普遍的职业危机感。

第一次工业革命，开始于18世纪60年代的英国，这种以大规模机器生产为特征的工业生产活动向原有的生产方式和狭小的地方市场提出挑战，老的生产方式已无法满足日益增大的市场需求，亟待转型。在这期间，很多以前依赖人力与手工完成的工作逐渐被机械化生产所取代，原本以手工制作为生的大量工人面临失业危机。

第二次工业革命，开始于19世纪六七十年代，以电力的广泛运用为显著特点。不仅传统的钢铁工业、机械加工工业发生根本性变化，而且兴起了电器、化工、汽车、石油等一系列工业部门。随之，又有许多行业的人们需要适应岗位新的技术要求，职业危机感再一次提出。

今天，第三次工业革命方兴未艾，它以原子能、电子计算机、空间技术和生物工程的发明和应用为主要标志，科学技术在推动生产力的发展方面起着越来越重要的作用。

在这期间，各种产业的自动化程度越来越高，对员工的能力要求也水涨船高，尤其是计算机和互联网的普及，大数据、云计算时代到来，使人们又得面临新一轮的知识和技能淘汰。

当今时代是知识爆炸时代，只有持续学习，才能不断增长新知，增强才干，提高自己的适应力和竞争力。选择学习，就是选择事业，选择成功；放弃学习，就是选择危机，选择被淘汰。

第8讲

做人要有情商因素

中外无数成功人才成长证明，情商是人生成功的主要因素。什么叫情商？情商包括哪些内容呢？自信心、意志力、团队精神、合作意识、人际关系、思维方式，这都属于情商。情商说透了是一个人的人格特征、精神状态，说白了就是一个人做人处事的道理。一个人的素质，就像冰山一样，浮在水面上的，大家看到的，是他的专业、学历、文凭、知识，真正决定着这个人能不能成功的，是看不到的，是他的价值观念，是他的毅力，是他的协作精神，是他的责任感，这些都属于情商。情商教育是美国哈佛大学最早提出的，核心思想是两句话，人生成就最多20%归诸于智商，80%归诸于情商，谁的情商开发得好，谁的优势就大，谁的成功的机会就越多。

著名成功学家卡耐基曾经说过，成功是由15%的专业技能与85%的为人处事构成的。这就是讲，在现代社会，情商对成功起决定作用。情商对于每一个人来说都至关重要，一个拥有良好情商的人不仅能承受各种心理压力，而且能够坦然面对竞争，创造成功机会。

情商的含义不外乎包括两个层次，一个是怎样认识自己、对待自己和控制自己，另一个是如何看待别人、理解别人和对待别人，并处理好彼此之间的关系。

情商高的人士主要表现在两个方面，一是能够正确地认识自己，友好地对待自己，理智地控制自己，进而稳妥地把握所遇到的一切机会；二是能够客观地看待别人，豁达地理解别人，公正地对待别人，能够和谐地与别人往来相处，得到的必定是别人的支持。

人与人相处共事，要协调好彼此的关系，靠的主要是情商而非智商。想到或想不到，反映的是人的智商；做或不做，则体现的是人的情商。这就是为什么人要取得成功，情商比智商重要的根本原因。

智商很重要，情商更重要。智商决定职业，情商关系成败。智商决定录用，情商关系提升。一个人的成才成功，不仅在于有没有知识，比知识更重要的，是能不能与人团结合作，取得别人的理解和支持。一个不会团结，不会包容，不会欣赏，不会感谢的人，必然到处碰钉子，即便是大才也得不到大用。

据调查，我国青少年尽管初步具备了一些现代思想品质，比如愈来愈鲜明的主体意识、竞争意识、效率意识、公平意识，但在科学精神、人文素养、公德意识、心理素质等方面还有欠缺，还有待于完善提高。在现代社会，开发学生的非智力因素尤为重要。一个人成才有智力因素和非智力因素，往往非智力因素起主导作用。我们现在强调创造力培养，创造力本身包含许多非智力因素。一个智商很高的人，可能是性格很脆弱、依赖性很强的人；但一个创造力很强的人，必须意志坚定，不怕困难，在困难面前百折不挠。

世界著名学者专家对情商理论作过深入研究，在前人研究的基础上，美国哈佛大学心理学教授戈尔曼把情商概括为以下五个方面的内容：

1. 认识自身的情绪

认识情绪的本质是情商的基石，这种随时随地认知自身感觉的能力对于了解自己非常重要。能够了解自身真实感受的人才能成为生活的主宰，否则必然沦为感觉的奴隶。

2. 妥善管理情绪

情绪管理必须建立在自我认知的基础上。这方面能力较差的人常受低落情绪的困扰，而能控制自身情绪的人则能很快走出命运的低谷，重新奔向新的目标。

3. 自我激励

自我激励包含两方面的意思：通过自我鞭策保持对学习和工作的高度热忱，这是一切成就的动力；通过自我约束以克制冲动和延迟满足，这是获得任何成就的保证。

4. 理解他人的情绪

能否设身处地理解他人的情绪，这是了解他人需求和关怀他人的先决条件。

5. 人际关系管理

恰当管理他人的情绪是处理好人际关系的一种艺术。这方面的能力强意味着他的人际关系和谐，适合从事组织领导工作。

戈尔曼教授指出，情商有三大要素：情感、表达和调控。

情感，是指一个人在自己已形成的思想意识支配下，对当前面临的事物的切身体验或反应。一般来说，情感具有较大的稳定性和深刻性。但在特定情况下，人的具有稳定的社会内容的高级情感也可能以鲜明的、爆发的形式表现出来，表现为一种情绪，这种情绪常常超出理性的控制范围。

表达。人的情感始终处在一个动态的过程中，不仅表现在个人自身情感会随着时间和环境的变化而变化，而且还表现在人的情感的外在化，即自我表达和对他者的表达。一个不善于表达自己情感的人往往会把各种情感压抑在心里，这有时会很危险。如果总把愤怒、悲伤、委屈等情感压抑在心底，时间久了就可能会造成情感堵塞现象，让自己变得沉默寡言、愤世嫉俗，甚至会让这种心理的情感问题转化为生理的失调，乃至导致某些疾病的发生。而对于别人表达情感，要找到适当的表达方式，恰当地把握分寸，否则就是情商低。对于领导干部来说，你在公众场合的一个眼神、一个姿势、一个动作、一句话等都能产生积极或消极的影响。

调控。判断一个人情商高低，不但要看他有多少、多大、什么类型的情绪、情感，看他是否采用适当的方式、程度来表达，还要看他是否能够自主、从容地调控。儒家讲“发乎情，止乎礼”，就是指对情感的表达和调控。古人肯定人的情感的存在，并且也鼓励情感的表达，但在情感的表达过程中要掌握一个度，即不能越过礼仪的规范，由此可以造就活泼和谐的人际关系。情感有积极情感与消极情感之分，积极情感有乐观、坚强、勇敢、宽容等，消极情感有悲哀、懦弱、嫉妒、怕事等。任何一个人都既有积极情感也有消极情感，只是在比例上有所不同。

情商的培养是对人性的一种提升和健全人格的完善。情商教育目标就是具有充实的精神世界，正确的价值观、正确的人生态度，合适的兴趣动机，同时也要有完美的情感生活和健全的心理环境。

情商应该包括五个特点：第一，健康的情感，包括情感的程度、性质及其理智感；第二，坚强的意志，即意志的四个品质——目的性、坚持性、果断性和自制力；第三，积极的个性意识倾向性，特别是兴趣、动机和理想等需要表现的形态；第四，刚毅的性格，特别是性格的态度特征，例如勤奋、合作、自信以及动力特征；第五，良好的习惯。

现在职业场上的人不缺文凭，不缺英语四级六级等各种证书，不缺驾照和聪明的脑袋，缺的是面对困难的勇气、克服挫折的信心、打招呼的礼貌、与人沟通的能力、做人的道理。

这些都是非智力因素，而这些都是我们所忽视的，更是青少年自己没意识到的，但这些都是青少年成长成才的至关重要因素。将来青少年到社会上能不能成才，固然有能力的因素，但相当一部分取决于其思想品德问题。不会团结，不能与人合作，就是有再大本事也没用。

世界经合组织调查了世界数十位著名的跨国公司总裁，他们共同认为21世纪人才应具备的素质为：责任心、主动性、创造性、灵活性。与此同时有项权威调查表明，绝大多数诺贝尔奖获得者智商处于中等或中等偏上，他们取得重大科学成就的重要原因，是孜孜不倦的追求，坚持不懈的努力，勤奋执着的探索。

2004年，美国纽约出了一本畅销书，书名是《百万富翁的智慧》，访问的美国1300多名百万富翁，问他们成功秘诀，几乎没有一个人说自己的才干，大都强调以下五点：第一诚实，第二勤奋，第三善于与他人相处，第四自我约束的能力，第五有一个贤内助。这些要素都属于情商。

2000年，世界召开人才素质研讨大会，经过研讨，大家得到共识：21世纪的人才，应当通过三张证书，第一张，学术性证书，要有学问。第二张，职业性证书，岗位能力要合格。第三张，事业心证书。而且把第三张提到与第一张第二张同等地位，如果没有事业心这个证书，第一张第二张潜能发挥不出来，变得没有任何实际意义，因此情商起了决定作用。

刘邦在夺得天下后，曾总结过自己得天下、项羽失天下的原因。他说："如果说运筹帷幄之中，决胜于千里之外，我比不上张良；镇守国家，安抚百姓，供给粮饷，保证运粮道路不被阻断，我比不上萧何；统率百万大军，战则必胜，攻则必取，我比不上韩信。这三个人都是人中俊杰，我却能够使用他们，这就是我能够取得天下的原因。项羽虽然有一位范增，却不能信任使用，这就是他被我打败的原因。"刘邦之所以战胜项羽，就在于他对待人才能够做到知人善任，能够十分有效地通过自身的高情商魅力，赢得张良、韩信和萧何等人的忠心与拥护，并在刘邦的经营下凝聚成了十分强大的团队力量。相反，虽然范增死心塌地地追随并辅佐项羽，却得不到项羽的重用。两相比较，刘邦赢得天下也就是理所当然的事情了。

《论语》上说："君子周而不比，小人比而不周。"这就说到了做人的两种不同境界。君子不仅有学问和才能，情商也很高，与人能和谐相处，而不搞小团伙行为；小人是相对于君子来说的，这里的小人不是指坏人，而是指没有大局意识的低情商的人，看不到其他人的长处而喜欢搞小团伙，这在实际工作中普遍存在。

智商的修炼主要是提高知识水平。智商是人类成功的原因，但不是最重要的，更不是唯一的原因。现代管理科学和人才科学研究表明，人类成功最重要的指数是情商。情商包括良好的道德情操，乐观豁达的品性，克服困难的勇气，自我激励、持之以恒的韧性，关心他人的善良，善于与人相处、自我约束的能力。情商是一种心灵的力量，是一种为人的涵养，是一种性格因素。人的知识积累和能力的形成发展，不仅取决于知识要素，更重要的是受到健康情绪的激励，高尚人格的引导，意志力量的支配，以及世界观、人生观、价值观的驱动。

我们强调人的创造力，创造的基础是奋斗，一个不想奋斗的人，一个没有奋斗精神的人，不能吃苦的人，是谈不上创造力的开发的。创造力说到底是工具，是要受人的情感、道德品质驾驭和支配的。我们绝不能把它仅看作一种技巧或思想的智慧，而应看作一种人生姿态，一种高层次人才所必需的品格。

当代社会，重视人的非智力因素的培养显得尤为重要、突出。社会上的急功近利，教育上的重智轻德，独生子女的“先天缺陷”，使我们有些人智商很高，情商很低；独处是天才，社交中是白痴；学业上极聪明，待人处事极无能。他们缺乏对社会的基本了解，缺乏对社会生活的积极参与，缺乏人际交往的基本能力。在任何领域，情商的重要程度都是智商的两倍。特别是在管理层，情商比智商重要9倍。情商教育目标就是具有充实的精神世界，正确的价值观、人生观，合适的情趣动机，完善的情感生活和健全的心理环境。

因此，我们必须将教育的视野从智力领域扩展到非智力领域，致力于发现和开发蕴藏在人身上潜在的创造性品质，培养坚忍不拔的意志、艰苦奋斗的精神、团结合作的作风以及适应社会生活的能力，尤其是从传统的专业知识技能教育伸展到人的精神世界，更多地关注人的理想信念、道德人格、伦理规范、思维方式的教育。

开发情商，要培养胆量。中国古代有句名言：“才学胆识胆为先。”实践证明，天下不缺有才华的人，但缺少的是有胆识的人。天下真正做大事的人，不一定都是精明的人、聪明的人，但一定是有胆识的人。天下大事一定要有胆识才能做得到，撑得住。美国教育家卡耐基说过，损失金钱损失很小，损失健康损失很多，损失胆量损失一切。胆识是承受生活中的一切艰辛、做一切事情的根基。据调查，许多能人、聪明的人，为了成就他们的事业，常年学习和掌握的是如何提高自己的胆识。他们说要全面提高素质，实际就是如何提高自己的胆识。

这里讲的胆识实际上就是人的意志品质，也即中国古代所说的“勇”。有胆有识是英雄，有功有德是圣贤。刘邵《人物志》中有《英雄》一文，明确提出“聪明秀出谓之英。胆力过人谓之雄”的论断。就是说“英”即是聪明，“雄”即是胆力。“英”与“雄”的关系就是“明”和“胆”的关系。聪明就是知，胆识就是勇，有胆有识还要有爱即仁。只有具有大爱之心，才会产生大智大勇，因为“仁者无敌”。

开发情商，要培养激情。激情是一种真正积极向上的精神，一种永不放弃的精神，一种永不言败的精神。人的情感是丰富多彩的，情感在创新认识中起着重要作用。首先，情感对认识活动具有激励作用；第二，情感对认识对象具有选择作用；第三，情感对信息知识具有加工作用；第四，情感对认识成果具有评价作用。只有重视情感作用，人的创新能力才有最基本的保证。激情是一种精益求精、争创一流的精神追求。激情唤起责任，激情创造奇迹，激情成就事业，激情激发灵感，激情开发才智，激情改变平庸。

激情首先是一种积极心态，表现在工作中，就是要有一种不怕困难、不怕挫折的勇气，一种敢闯敢干、敢为人先的锐气，一种不达目的誓不罢休的豪气。要对工作满怀激情，就要热爱本职，只有打心眼里热爱自己所从事的工作，才能全身心地投入，认真履职尽责。

其次，要潜心研究。我们所提倡的激情，是遵循规律、讲求科学、注重效率的激情，而非头脑发热，脱离实际的蛮干。要善于动脑、勤于思考，自觉地把国家政策、上级精神和外地经验与本地、本部门的实际有机结合起来，制定出一套切实可行、符合实际的工作思路和工作目标，创造性地开展工作，推动发展。

最后，要享受工作。工作激情是需要培养的。只有全身心地投入工作，把个人的智慧、才能和心血都倾注到自己所钟爱的事业上，用心干好每一项工作，这样才能真正感受到工作带来的身心愉悦和无比幸福，也才能滋养出绵绵不断、历久弥坚的工作激情。

教育家卡耐基的办公桌上摆了一块牌子，家里的镜子上也挂了同样的牌子，麦克阿瑟将军在南太平洋指挥盟军的时候，办公室墙上也挂着一块牌子，他们的牌子上面都写着同样的座右铭：你有信仰就年轻，疑惑就年老；有自信就年轻，害怕就年老；有希望就年轻，绝望就年老。岁月使你皮肤起皱，但失去了激情，就损伤了灵魂。这是对激情最好的赞词。培养发挥激情，我们就可以对我们所做的每一件事情充满信心。

人有了激情，就会爆发生命力，积极生活，努力学习。青春是什么？美国作家厄尔曼的一篇叫《青春》的文章作了回答：青春不是一个年龄段，而是一种心态。青春不仅意味着红光满面，而且意味着激情燃烧；衰老也不仅意味着老态龙钟，而且意味着没有了追求。只要你有激情和追求，热爱生活，哪怕你80岁了，也还青春，还有激情燃烧的岁月。如果你麻木、厌倦、自卑、消沉，即使18岁，你也已经是一个“老翁”，没有了希望和诗意。

有人用两个字——激情概括美国著名企业家鲍尔默的管理风格。

鲍尔默常讲：“我是天生的激情派。充满激情对开辟企业是一种非常重要的素质。不仅仅是我自己，我的管理就是让我周围的人都有激情。激情不是瞬间的一个状态，而是一种文化。”激情是吹动船帆的风，没有风帆，船就不能行驶；激情是成功的动力，没有动力，事业就很难有起色；激情是创新的源泉，没有激情就没有创新的灵感和动力。创新的激情来自于兴趣。如果说激情是“火炬”的话，那么兴趣就是点燃激情的“火种”。因为追求自己的兴趣而充满激情，因为激情而享受快乐！有了兴趣，就能激发潜力，一个人就可能不断获得成功，就可能达到卓越的境界。

开发情商，要培养勤奋刻苦品质。勤奋在一个人取得成功的道路上往往起决定作用。一个太聪明的人往往一事无成，因为他不能专注于一件事情，他觉得干任何事情都行，因此在每一件事情上都没有下足够的功夫。取得巨大成就的人士，甚至于诺贝尔奖的获得者往往并不是最聪明的人，但是他们都十分勤奋。当我们选择了正确的道路以及开始一个职业以后，能不能成功就取决于能不能脚踏实地，能不能专心致志、用尽全力、克服一切困难去做好它，特别是在碰到挫折的时候，还能不能继续坚持下去直至最终取得成功。

创新是靠勤奋“锤炼”出来的。现代创新者，尽管经历有所不同，但却有着一个共同的优点，即勤奋。

并非所有勤奋的人都能像乔布斯那样取得事业上的成功，但像乔布斯那样的成功者必然都是勤奋的人。

每一位成功的现代创新者都具备坚韧不拔、刻苦钻研的素质。他们往往要花费十几年或几十年的时间才能取得一定的成果。在这段漫长的、默默无闻的时间里，他们要经历许许多多的失败与挫折，要能把十天半月地呆在实验室里不出来当成家常便饭。

瑞典媒体曾对一位诺贝尔自然科学奖获得者有过如此典型的描述：他为获得这项成果付出了大半生的心血。诺贝尔生理学或医学奖得主琳达·巴克说过："在漫长的研究历程中，我一直在努力尝试，进行过无数次试验，却没有任何值得欣慰的发现。当我在1991年发现了新的基因后，简直不敢相信这是真的。"

艺术家的追求同样是要付出代价的，罗丹说："我付出了青春的代价。"我想，这话包含了一个重要真理：天才就是长期的忍耐。上帝给了某人一些天赋，但如果你只靠天赋，也许你只能做到二流、三流。仅凭天赋无法达到高峰，但它能引领你前往顶峰的路，就看你是否愿意去攀爬了。任何人都生活在世俗的环境中，各种障碍、各种诱惑围绕着他，他必须选择，这样或那样，富裕安逸的生活或坚守心灵的引导。罗丹说："一个人能够在自己的艺术中找到幸福、安稳的生活不一定是福，因为它足以消磨一个人的上进心，艺术生命可能因此被埋葬。"

罗丹被誉为自米开朗基罗以来最伟大的雕塑家。当年很多熟悉罗丹的人都惊异于他住房的简陋，生活的简朴，他的回答是一句调侃的话："金钱来得太晚，来不及培养物质生活的情趣。"确实，罗丹到40岁后才成名。他埋首自己的艺术世界，不把外面世界放在心上，凡到过他工作室的人都发现，无论来了什么访客，他都能随时随地把注意力转回到雕塑上。

发明飞机的莱特兄弟被称作是"从小就养成了勤奋学习、勤于思考的好习惯"，法国化学家、生物学家巴斯德被称为"格外勤奋的科学工作者"，而乔布斯则被人们称为"神经高度紧张的工作狂"。从这些天才创新家的成长故事看，他们可能有不同的成功之路，但所有的成功之路都经历了无数艰难曲折，都是靠勤奋努力铺垫而成的。没有哪项伟大的发明是靠一时的聪明而创造的。

天才是有光环的，这光环容易使人们将视线集中于创新者的“天分”和“运气”上。其实，我们在了解这些创新者的成功故事的同时，更需要认识为什么机遇会被他们紧紧地抓住。

成功固然离不开机会，但机会有时只为那些专一的创新者敞开大门。从这个角度看，每一位普通人其实都是潜在的“天才创造者”。也许平常人并不具备所谓的天分，但只要在事业上坚守专一、勤奋努力，就能够走出属于自己的不平常的创新之路。

一个人的成才和环境、机遇、天赋等外部因素固然有关，但更重要的是自身勤奋。缺少勤奋精神，哪怕天资奇佳的雄鹰也只能空展羽翅，望塔兴叹；有了勤奋精神，哪怕行动迟缓的蜗牛也能雄踞塔顶，观千山暮雪，望万里云层。未来永远掌握在自己手中，只有在人生的求知路上孜孜不殆、研精覃思，才会体验到世界的精彩与美好。

开发情商，要培养执着追求精神。人生理想并不是一个可以清晰描述的远大目标，它应该是一种对人生价值的执着追求，对有真正意义的高尚生活的追求。

下面有两个关于科学家、企业家追求理想的故事。

第一个是关于杨振宁先生的故事。1946年，杨先生在芝加哥大学读研，那时研究生都很穷，有一次他在报纸上看到一则填写纵横字谜的广告，最高可以拿到5万美元奖金。当时参加比赛的多是家庭主妇，他想自己总比家庭主妇强，于是就和几个同学报了名。果然，两个月后主办单位来信，祝贺他们得到了最高分，但还有一组人跟他们的分数一样，所以要再填一个难度更大的字谜一决胜负。于是他们开始分工合作，杨先生的任务是把韦伯大字典里所有五个字母的单词都列出来。为此，他到图书馆通宵查字典，到早上五六点钟的时候，实在累得不行，想回去睡一觉。从图书馆出来的时候，看到地上有份《纽约时报》，大标题写着《汤川秀树获得今年的诺贝尔物理学奖》，他一下子猛然惊醒，责问自己“杨振宁，你在做什么？”此后，杨先生一直专注于物理学的研究，并成为20世纪最伟大的物理学家之一。

第二个故事来自于《纽约时报》的一篇文章，是关于当今美国乃至全球IT界最有影响的企业家之一皮特·泰尔。年轻时，泰尔为能进入斯坦福大学而与同学展开竞争，接着为取得在斯坦福法学院学习的机会而竞争。在这些竞争中，泰尔都取得了成功。所以毕业后，他理所当然地想要通过竞争，成为联邦最高法院的书记员。但是这一次，他失败了。这次失败促使他放弃了成为书记员的最初设想，走出法律圈，成立了贝宝（PayPal）公司，后来又成为包括脸谱网（Facebook）在内的多家知名高科技公司的最早投资人之一。之后曾有人问他：“没有进入最高法院，你是否暗自庆幸？”这个问题让泰尔陷入沉思。他发现，人们总是认为竞争中的优胜者能够脱颖而出，但是，在使自己变得更有竞争力的过程中，人们有时会错把最难达成的目标看成是最有价值的目标，把激烈的竞争看成是价值的代名词。他认为，我们并不应该只是满足于成为一个成功的竞争者，而应当努力成为一个出色的垄断者。因为在某个已有很多人从事并且范式成熟的领域努力工作，你可能比别人做得稍好，但相比之下，开拓一片新的天地并完全掌控它，会更有价值。在这个全新的领域，你能对社会做出更大的贡献。

人生要有理想，要有追求，要有梦想。梦想是什么？就是使命和责任，就是激情和冲动，就是精神和气质。梦想是人类对美好的事物的渴望。人生就是追寻实现梦想的过程。只有当我们拥有梦想，才会点燃奋斗的激情；只有当我们拥有梦想，才会获得人生奋斗的力量。

对于梦想，世界著名大学哈佛大学校长福斯特对哈佛毕业生说过，就算你们觉得它不可能实现，也要记住，它至关重要，是你们人生的北极星，会指引你们到达对自己和世界都有意义的彼岸。你们生活的意义要由你们自己创造。为什么明知不可实现，也要去努力呢？那是因为彼岸的召唤。根本不去眺望彼岸正是我们的悲剧。人生不是结果，人生是一种体验，一种过程。人生就像一次旅行，在乎的不是目的地，而是沿途的风景，以及看到风景的心情。

梦想代表着开端，梦想意味着挑战，梦想成就希望。只要执着追求，艰苦奋斗，立足现实，面对未来，就能实现自己的人生梦想。

第9讲

做人要有责任担当

什么是责任？责任是主体存在与发展的基本方式。简单讲，责任是主体自我的一般规定，职业角色的基本表征，社会认同的主要依据，价值实现的集中体现。什么是责任感？责任感是对责任的全面深刻认识和理解，是一种基本的文明素质。有责任感才会有远大的理想抱负。人的每一项潜能都因为有了责任感的驱动，才变得强大。我们应该担当社会责任，要切实做到平凡之中有伟大追求，平静之中有满腔热血，平常之中有强烈的责任感。

责任感是人类最宝贵的品质之一。有无责任感，事关一切事业兴衰成败。

责任感是一切道德的基础。忠、孝、仁、义、礼、智、信，中华民族几千年传统美德，强调的都是同一个词——责任。面对国家，没有责任感，哪有尽忠之心？面对长辈，没有责任感，哪有孝顺之心？面对自己，没有责任感，哪有进取之心？

责任是一种客观需要。公仆有为民服务的责任，领导有科学决策的责任，军人有保家卫国的责任，医生有救死扶伤的责任，教师有教书育人的责任，父母有养儿育女的责任，企业有创造产品的责任。

责任是一种主观追求。同样的工作，同样的条件，有的人干得好，有的人干得差，差别就在于有没有责任心。尽心尽责，再复杂的问题也能迎刃而解；漠视责任，再简单的工作也会出现差错。

责任是一种使命要求。责任感是人类一种独特的、与生俱来的神圣使命，而责任是每个人都必须承担的分内之事。它伴随着一个生命的到来而来，也随着生命的终结而去。因此，我们每个人都应该清醒地认识到自己的责任，并勇敢地将它扛起。唯有如此，我们才能充分发挥出自己的潜能，获得自己所需要的一切。

一位伟人曾说过："人生所有的履历都必须排在勇于负责的精神之后。"在责任的内在力量的驱使下，我们常常会油然产生一种崇高的使命感和归属感。比方说，如果你能真正地钉好一枚纽扣的话，那应该比你缝制出一件完整但却粗糙的衣服更有价值。

当一个人从内心深处渴望承担应负的责任时，会认识到责任不仅是对组织负责，同时也是对自己负责。并在承担这份责任时感受到自身的价值，以及自己所获得的尊重和认同，从而获得心理与精神上的满足。承担自己该承担的责任，全心全意地努力工作，对自己而言，更多的不是压力，而是一种快乐和幸福；对组织而言，你将会成为真正的、无可替代的优秀人才。

责任是最高价值，责任是第一位的。责任高于一切，责任胜于能力，责任激发潜能，责任体现忠诚，责任成就卓越。对社会有无责任感，是检验人生境界高低的尺度。社会责任感不是抽象的，具体体现在对家庭、他人、集体、国家的情感态度和义务上。

有三句话讲得到位：第一句话，人没有什么都可以，不能没有志气。什么叫志气？志气就是责任，志气就是担当，志气就是追求。没有大志绝对不会成为有用之才，有担当，有责任才能称得上有志气。

第二句话，人丢掉什么都可以，但不能丢了事业。人生在世不求青史留名，但要全心全意做好本职工作，尽全力为社会做贡献。

第三句话，人忘掉什么都可以，但不能忘掉父母，不能忘掉国家。

这三句话就是，人要有责任，人要有事业，人要有爱心。

作为当代社会公民必须要有社会责任感。没有社会责任感是十分可怕的，将会在各种各样的诱惑中迷失方向，流于平庸，自甘堕落。

责任是第一位的，有岗有责，有职有责，责随职走。我们所有的工作，都要从责任中体现出来，在责任中落实下去。

武汉市鄱阳街有一座建于1917年的6层楼房，该楼房的设计者来自英国的一家建筑设计事务所。20世纪末，也就是那座叫“景明大楼”的楼宇，在漫漫岁月中度过了80个春秋。一天，它的设计者不远万里，给这个楼的业主寄来一份函件，函件告知：景明大楼为本事务所在1917年所设计，设计年限为80年，现在超期服役，敬请楼主注意。面对这封函件，我们深深地体会到了什么叫做责任。

20世纪20年代的一天，一个美国男孩玩足球，不小心打碎了住户的玻璃，别的孩子跑了，这个男孩主动向房主认错，回家拿钱赔偿。父亲说，自己闯的祸自己负责，借给小男孩15美元作为赔偿，但要求日后归还。小男孩一边上学一边打工，几个月后，还给父亲15美元。许多年后，这个男孩成了美国总统，他就是罗纳德·里根。里根后来回忆说，那一次闯祸后，使他懂得了做人的责任。这个故事告诉我们，做人不能推卸责任。

有一年美国黄石公园着了一场大火，一些志愿者奋不顾身去救火。当问到一位正在攻读硕士学位的研究生灭火志愿者：“你们不是觉得个人利益至上吗？你们去干这样危险的工作，到底为了什么？”那位美国学生毫不犹豫地说：“我不了解别人，我冒着生命危险去黄石公园救火，还是为自己。因为我非常爱我的女朋友，我们会结婚，我们都想要孩子。如果黄石公园烧毁了，我们甚至我们的孩子就永远不会再看到这片地球上绝无仅有的美丽的土地。一旦有一天，我们的孩子对我说，我们去黄石公园看看吧。我告诉他，黄石公园在1988年的一场大火中毁灭了。孩子会做何种反应，他们会毫不留情地问我：‘爸爸妈妈，你们当时正年轻，你们在做什么？为什么不去救火！为什么不拯救它？’那时，我们说什么？我们可能无言以对。就是想到这些，今天我们就要放弃课程，去当志愿者，保护黄石公园，为我和我们所爱的人，为了我们今天还没有出生的孩子能够永远看见这个美丽的地方。”

卡梅隆导演到中国来参加电影节，说《泰坦尼克号》3D版在中国的票房是世界其他地方的总和。他的理解是中国人喜欢3D，但实际上中国人更喜欢《泰坦尼克号》这个故事。船行大西洋撞上冰山，危险在即，千钧一发，船身都倾斜了，但船长、船员把妇女和儿童送到救生艇后，毅然返回自己的工作岗位，做好了殉职的准备，视死如归。生死关头看岗位责任。船尾几个演奏舞曲的音乐家，穿着燕尾服，站都站不住了，努力保持身体挺直，平稳地、优雅地演奏着乐曲。危难危险时刻看职业责任。主人公露丝和杰克已经掉落在冰冷的海水中了，两个人抱着一块小浮木，这块小浮木太小，仅容一人生存。作为男子汉的杰克做出了选择，毅然松开双手，渐渐沉向无底的大海。这一刻感天动地，全世界都为之落泪，“答应我，你一定要好好活下去”，成为道德世界的最强音。

目前，有些人的社会责任弱化，责任感、使命感不强。忽视社会责任，忽视国家利益，忽视德行修养。对工作挑三拣四，对困难避而远之，对责任避重就轻。在承担责任上存在认识误区：（1）无用，“大家都不负责任，我一个人负责任也没用”；（2）吃亏，“别人对我不负责，我对别人负何责”；（3）唯上，“领导要求我就做，领导不说我不做”；（4）功利，“对个人前途有利的责任才算是责任”。

责任是一种坚持，这种坚持需要一种一往无前的气魄；责任是一种历练，这种历练需要一种百折不挠的勇气；责任是一种担当，这种担当需要开阔的视野和博大的胸怀；责任更是一种情怀，这种情怀需要我们对国家、民族、人民拥有最深切的热爱。

对社会有无责任感，是检验人生境界高低的尺度。培养责任感我们要从对自己负责做起，养成对自己的信心，对父母的孝心，对他人的关心，对社会的爱心，对祖国的忠心，自信自强，孝敬父母，关爱他人，心系社会，胸怀祖国。

首先，我们要积极倡导责任的价值取向。权利和责任相伴相生，只讲权利不讲责任的社会不可能存在，只讲权利不讲责任的公民最后将丧失权利。只讲追求自己完全自由，不讲为人民服务的人，最终不会享有自由。

其次，要树立强烈的责任意识。“天地生人，有一人当有一人之业；人生在世，生一日当尽一日之责。”履行责任，做好自己分内事情，是一种义务，是一种天职。责任意识，反映人们对自身所承担的分内工作的一种精神面貌、工作姿态、思想境界，也是我们每个人为了事业而奋斗的思想基础。责任意识强了，就能不忘重托，牢记职责，把精力和情感倾注在事业和岗位上，就能在工作中尽心尽力，尽职尽责，奋发有为。

第三，要敢于担当使命。敢于担当，体现胸怀、勇气、格调，有多大担当才能干多大事业，尽多大责任才会有多大成就。具体讲，就是敢于担当，乐于担当，善于担当。敢于担当是一种胆识，需要勇气，面对任务勇挑大梁，面对困难迎难而上，面对危险挺身而出，面对邪气坚决斗争。乐于担当是一种胸怀，需要有大气，就是要吃苦、吃气、吃亏，敢想敢干敢为。善于担当是一种能力，需要有底气，不仅有一身正气，还要与时俱进，善于学习，提高工作能力。

担当的本质要求是认真负责。我们所讲的敢于担当，是与认真负责联系在一起的。甚至可以说，敢于担当必须认真负责，认真负责才能勇于担当。因此，我们必须清醒认识自己所承担的责任，在行动上认真履行自己所承担的职责，做到守土有责。

敢于担当使命，要求我们树立崇尚真理的价值追求，培养以天下为己任的责任精神。对社会，要有高度的责任感；对历史，要有神圣的使命感；对时代，要有紧迫的发展感；对他人，要有深厚的同情感；对良心，要有鲜明的荣辱感。国家重于家庭，家庭重于个人。有使命、有激情、有动力，才能成为有责任的现代社会公民。

第四，要视野更开阔，眼界更深远。视野决定眼界。视野有多宽，站位就有多高，谋事就有多远。我们只有不断拓宽视野，才能更好地担当责任，这就要做到下面三点：

首先，必须要有国际眼光，更加熟悉国际规则、国际市场，善于借鉴国际经验与智慧，敢于到国际上去比较、去竞争，努力向世界先进水平看齐。

其次，必须要有大局意识。我们想问题、办事情，要多算国家账、战略账、长远账。凡是有利于国家全面利益、大局发展的工作，我们要毫不迟疑地做，坚持不懈地抓。

再次，必须要有前瞻思维。我们正处在新科技革命的孕育期，引发和助推未来变化的因素更多更复杂，要正确研判大事，就要有前瞻思维。想问题、做决策、办事情，都要站高一步，想深一步，真正担负历史赋予我们的责任。

第10讲

做人要有诚信信用

信用是个具有经济学意义的中性词，用道德化的表达就是诚信。诚、信两字在我国出现得很早，《中庸》里说，“诚，天之道也”，指出“诚”的应然性和必然性，对此，孟子以“思诚者人之道也”相呼应，强调做人要真心实意，真实不欺。“信”在《论语》中已得到了系统论述，含有相信、信任以及忠信、诚信之义。应该说，我国古代先哲对诚信的理解别具一格，至今仍具有很高的现实价值。

从古到今，诚信都是人立世之根本，是为人的基本准则。“人无信不立”，诚信自古以来就是一项基本规范。《说文解字》说：诚者，信也；信者，诚也。《中庸》又说：诚之者，人之道也。这就需要我们内心遵守诚信之道，本着诚信的态度处理问题。换言之，制度和法律是保证诚信的基础，而个人的德行修养则决定着诚信的高度。“内诚于心，外信于人”，对每一个人而言，诚信应该是待人处事的基本准则。我们在做人、做事等方面应保持起码的诚信。

“诚”是诚实而不虚假，“信”是信用而守诺。中国古代有句谚语，一两重的诚信等于一吨重的聪明。

怎么看诚信呢？从个人来看，它是高尚的人格力量；从单位来看，它是宝贵的无形资产；从社会来看，它是社会正常秩序的运行基础；从国家来看，它是良好的国际形象。我们应当以诚信立身，诚信做事，诚信做人，把诚信作为我们通往社会的通行证。

如今人们生活在高节奏、充满诱惑的现代社会中，人心浮躁，没有片刻安宁。大家好像得了一种“迷心逐物”的现代病。“天下熙熙皆为利来，天下攘攘皆为利往。”近利远亲，见利忘义，唯利是图，损人利己，甚至出现“要钱不要命”的道德失范现象。现代报纸、广播、各种新闻媒体、网络中，我们经常看到这样的报道，说开车开了“缺陷车”，住楼住了“倒塌楼”，穿衣服穿了“致癌服”，今天被人骗了，明天被人忽悠了。

诚信是做人之本，人无信不立。诚信是企业的生存之道，失去诚信就会失去顾客，失去市场。

诚信，是政府对公民的最大尊重，是取信于民的首要品质。对政治家来说，失去诚信就等于政治上的自杀。

诚信，是社会的道德基石，一旦失去诚信，就会社会失序、道德沦丧，一切法制、行政都无能为力。

世界两位领导学专家围绕“领导人的特质”这一题目，对124家企业和政府部门进行跟踪调查和20年的研究，在列举的20多项领导人特质中，位居前四位的是诚实、学问、能鼓舞人心、能力卓越，这被称为领导人的“四大支柱”。其中，“诚实”始终是第一位的，是部下的第一需要，是主导的最高法则。部下最期待的莫过于领导者真心待人，信守承诺，言行一致，说话算数。

国外著名大学新生入校，都有诚信宣誓，英国爱丁堡有一所大学的诚信誓词是：我是爱丁堡大学学生，真诚、郑重承诺，我将永远尽责，勤奋学习，我将接受有关任何教学法规的裁决，如果对我的学习和行为表现有任何不尽满意之处，有权开除我的学籍，作为一个校友，在任何场合，回报我的感激之情，至死不渝。

人类社会发展历经了实物交易、贸易交易、信用交易三个阶段，现代市场经济就是一种以信用交易为主的经济。实践证明，诚信是市场经济的支柱，是建立规范市场经济秩序的重要条件，也是企业在激烈竞争中的生存之道、兴业之本。

诚信是领导的最高法则之一，是领导力的根基。一个领导者必须真心待人，言行一致，信守承诺，才能建立起高度的公信力。公信力是领导者最脆弱的一项特质，要建立起公信力需要一点一滴持续不断地努力。而一旦失去，花十倍的代价也难以挽回。

古希腊著名政治家塔西陀在总结执政经验时说："当政府不受欢迎时，好政策与坏政策都会同样得罪人民。"这一论断被称作"塔西陀陷阱"，成为一条著名的政治学定律。"塔西陀陷阱"的基本含义就是，公信力是公权力的基础，是一个政权合法性的依据。政府一旦失去公信力，无论说真话还是说假话，都会被民众认为是说假话；无论干好事还是干坏事，都会被民众认为是干坏事。对一个政府及其领导者来说，最大的悲剧莫过于堕入"塔西陀陷阱"。

我们讲诚信，必须用道德来约束自己，不管环境如何，始终真诚待人做事。有个故事，讲某个中国留学生在国外餐馆打工。老板规定洗盘子必须洗7遍以上。由于洗盘子按件计酬，这位留学生偷偷少洗两遍，效率大大增加，工钱随之增加。这事老板知道后开除了他。后来，他到另一家餐馆应聘，老板打量了他半天说：你就是那位只洗5遍盘子的中国留学生吧。对不起，我们不需要！第二家、第三家……依然如此。他屡屡碰壁，不仅如此，房东也让他退房。

如果做人讲诚信，又会带来什么呢？有位年轻人，因为工作需要加了一个QQ群，照例发了一句“新人报到，请多关照”。有位朋友开玩笑：“新人报到，请客吃饭。”这是个诚实的孩子，马上着手张罗。临了，大家才告诉他，只不过是开个玩笑。这个年轻人却因此在群里大受欢迎，只要他一上网，大家争先恐后和他打招呼；采访时，每当他碰巧需要谁来提供信息，大家都很热心。这个年轻人实实在在尝到了诚信的甜头。

第11讲

做人要有坚强毅力

有位哲人讲，最不幸者，是没有遭遇不幸的人。如何面对磨难挫折，是人生必修课。可以这样讲，人生主题就是磨难，就是挫折，就是坎坷。

人这一辈子，十有八九都是不高兴、不顺心的事，高兴你不经常得到，也不容易得到，相反，不高兴你会经常得到，容易得到，这就需要我们调整心态，排除烦恼，创造快乐，对得起自己不容易的一生。

为什么人生逆境往往超过顺境？因为社会复杂常常超过人生经验。一个再聪明、再有智慧的人也有烦恼的时候，也有遭遇挫折的时候。幸福圆满未必鲜花不败，风和日丽未必春天常在，心想事成未必路路畅通，一帆风顺未必前途光明。人生坎坷，人生多难，风风雨雨，酸甜苦辣，花开花落，斗转星移，人间百味，都在其中。持续不断的厄运、逆境、磨难，莫名其妙的不幸，突如其来的人祸，犹如风霜雨雪，汹涌来袭，防不胜防。

阿里巴巴总裁马云说，他当初大学毕业，曾到过30个单位求职，全被拒绝；24人一起去肯德基找工作，23人被录取，他没有被录取；想当警察，5人同去，4人被录取，他没有被录取。听马云说这番经历，社会上只有这些单位，人才市场被这些单位垄断，他将走投无路，哪会有今天的马云。

逆境磨难，是一杯美酒，和着眼泪伤痛一起咽下，会酿成一种精神力量，一种智慧力量。一个人如果把眼前等同于永远，把暂时等同于永恒，那是人生苦恼的根源。一个人走运和倒霉都不是永远的，年轻时碰到一些挫折，是任何人都不可避免的，不要以为一次挫折，就永远挫折，千万不要垂头丧气，悲观失望。我们说跌倒了是失败，爬起来就是成功，但爬起来首先需要的是坚强意志。现在有些人跌倒了，就认为永远爬不起来了，遇到一点挫折就意志消沉，萎靡不振，甚至轻生自杀。不要顺利的时候，看山是山，看水是水，一遇挫折，就怀疑动摇，看山不是山，看水不是水了。不经风雨，难见彩虹，磨难挫折同样能够丰富人生。

人生是一种积淀，一种苏醒，是先天精华与后天磨砺的融会贯通。只有承受了人生的跌宕起伏，看遍了凡尘的世态炎凉，经历了人世间的悲欢离合，才能豁然开朗，恍然大悟，对生命更坦然，对名利更淡然。人经受住磨难挫折，会变得更坚强、更成熟。

有一座山上的庙里供着一尊花岗岩石佛，雕刻得栩栩如生，善男信女特别喜欢它，每天香火不断都来朝拜。但没有人知道，从山脚通往山顶，一层一层上来的台阶也是花岗岩的，恰巧和这尊佛像产自同一块山石。这些台阶心里很不平衡，久而久之联合起来向佛像发难。台阶们怒气冲冲地说，你我本来都是兄弟，现在你高高在上，被人膜拜，而我们被大家踩在脚底下，你到底有什么了不起?

佛像心平气和地跟台阶们说了一句话：“兄弟们，你们才经过几刀，就有了今天的岗位，而我是经历千刀万剐终成佛像的。”

我们要记住这个故事，走到社会上不要抱怨这个社会给了你多少不如意的遭遇。日本有个说法，生命像竹子一样，竹子闯过的关节跟它拥有的高度永远成正比。与竹子一样，人挨多少刀，就能长多高。

有位拿到世界冠军的运动员，谈起他的田径教练，总让他们练冲刺和中长跑，在他们累得筋疲力尽、双腿麻木的时候，教练冲着他们大喊：再跑一圈，再跑一圈。因为训练多一份付出，对抗才多一份收获。在一圈又一圈的奔跑中，他逐渐懂得，“再跑一圈”不仅是对身体的训练，更是对意志品质的磨练，这也成了他的价值追求和人生信条，坚信自己所相信的，才能在绝望中看到希望，才能在挑战中把握机遇。

这个故事揭示了一个道理，那就是，不管你处在人生的高峰还是低谷，机遇终究掌握在你手中。刻骨是用来回忆的，今日是用来幸福的。当你经过长途跋涉，身心疲惫时，只有坚持“再跑一圈”，才能冲出困境，跨越极限，迎来意想不到的新机遇，迈向人生的新起点。

磨难挫折对成功者是一种历练，对投机者是一块绊脚石，对弱者是万丈深渊。越是遭遇磨难的时候，越是机遇出现的时候。大文豪巴尔扎克说过，磨难和挫折，就当它们是上帝在我们屁股上踢了一脚，我们不能只记着揉屁股，更要珍惜这一脚的力量，坚实往前迈进一步。

逆境是熔炉、良药，也是试金石。懂得人生艰难，相信天无绝人之路，依靠坚强意志、坚韧精神，必定能在困惑中自救，在痛苦中奋起，在挫折中挺立，在危机中重生，在逆境中突围。挫折中流着眼泪的坚持最为可贵，磨难中脚踏实地的脚步最为可靠，逆境中触底反弹的力量最为震撼。一旦克服挫折，闯过磨难，你会看到非同一般的人生风景。

人生道路从来不可能是直道，有坦途也有陡坡，有平川也有险滩，有直道也有弯路。在人生道路上走上坡路，要鼓足勇气；走下坡路，要抬脚谨慎；走阳光大道，要放眼长远；走羊肠小路，要注意凝视脚下。在人生征途中，有许多弯路、小路、险路，会遇到各种意想不到的艰辛磨难，会遭遇失败、伤心、痛苦，会受到嘲笑误解，甚至是敌意。人生多经历一点摔打、挫折、考验，有利于走好人生道路。

我们要历练荣辱不惊的心理素质，磨练百折不挠的进取意志，保持健康向上的精神状态，才可以气定神闲，仰视浩瀚宇宙，俯察万物盛衰；才可以淡看风云变幻，笑对人事沉浮。只有这样，才能心静如高山幽谷，平淡似白水素服，变挫折坎坷为动力，用挫折磨难启迪人生，锻炼人生，丰富人生。

第12讲

做人要有自信自强

老子曰：胜人者有力，自胜者强。超越自我是伴随每个人一生的挑战。梁启超先生曾在清华大学演讲中解释“自强不息”：“君子自励犹天之运行不息，不得有一暴十寒之弊。”“且学者立志，尤须坚忍强毅，虽遇颠沛流离，不屈不挠。”自强就是要矢志笃行，从不放弃，立大志向，谋远前途，更加深刻地认识自我，更加勇敢地超越自我。

自信自强是非常重要的心理素质，自信心是积极的自我意识、自我体验、自我评价。一个人对自我的积极评价，是这个人能够成功的根本标志。自信是一个人自立自强的精神支柱，可以使人在困难面前永不屈服，可以使人在逆境中看到光明。

自信，是发自内心的自我肯定。自信是一种积极的情感。有自信才会有勇气和力量，才会有毅力和动力。有自信，才能百折不挠，才能永不屈服。一个在心理上自卑自贬，精神上衰退沦落，价值上自我矮化的人，很难成功成才。

在一个偏远的小渔村，孩子们都提着马灯，打着手电筒，背着背篓，到海滩上去捉螃蟹。捉螃蟹时，当螃蟹看到灯光以后，就会纷纷逃回洞穴。所以，孩子们就用衣服把光遮住。当夜幕降临的时候，螃蟹纷纷从洞穴里爬出来，在海滩上游荡，呼吸新鲜空气，突然，所有的灯光都打开了，螃蟹就慌不择路，见到洞穴就急急忙忙地钻进去，这个时候，小伙伴们就静静地等在洞口，而不是仓促地去抓螃蟹。等了一会，螃蟹就主动地爬出了洞穴，不是一个一个爬出来，而是一对一对爬出来，它们的蟹爪都紧紧地交织在一起。为什么呢？因为它们走错了洞穴，那个洞穴不是它们的，所以它们就拼命地纠缠在一起，一对一对地爬出来，于是小伙伴们就毫不费力地把一对一对的螃蟹放在背篓里，高高兴兴地回家了。

还有一个故事讲，一位总统和他的夫人路过一个加油站，总统夫人忽然发现，给他们加油的工人是她的初恋情人，她把这件事情告诉总统，总统说："如果当年你要嫁给他，你现在就是加油站工人的妻子了。"这位夫人头也不回地说："如果我当年嫁给他，现在当总统的就不是你，而是他了。"

最后一个故事，古代有一位书法家，字写得非常好，很多使节到中国来，带着大批的银两，就是为了求得他的一幅字。皇帝也向他求字，问他："你的字写得这么好，是不是有什么诀窍呢？"这位书法家说："用笔于心，心正则笔正。"

这三个故事告诉我们三个道理。一个是，愤怒之中无理智；第二个是，嫉妒之下无品德；第三个是，做事要有自信，但不能自负。书法家讲"用笔于心，心正则笔正"，讲的是自信，但不是自负。这都是从小故事当中，我们体会到的做人道理。

这三句话概括起来，我们可以把它并列为：自信、自立、自强，或者说：品德、能力、坚持，这是人生成事的三要素，缺一不可。用数学语言来说，它们是相乘的关系，而不是相加的关系。失去任何一项要素，都可能悔恨终生。有能力，无品德，则一事无成。中国古语说：“有德无才，德不足以至其成。”就是说，有德行但是能力不行，不足以成大事。“有才无德，才必助其奸。”就是说能力再强但是品德不行，这种人是要坏大事的。所以，品德、能力和坚持，这三个要素缺少任何一个，都可能毁了人的一生，使人一事无成。

古希腊哲学家苏格拉底说：“一个人能否有成就，只看他是否具备自尊心和自信心两个条件。”因为，只有自信，才能让人确立高的追求目标，不为社会和他人的态度所左右，选准的事业就要一干到底。只有自信，才能坦然地面对现实，面对困难、挫折和失败，拼搏进取。培根曾说过：“如果问在人生中最重要的才能是什么？那么回答则是‘无所畏惧’。”

这话颇有见地，这里的“无所畏惧”，不是妄畏，而是坚韧不拔的毅力和自信心。在现实生活中，但凡富有才华、勤于探索、勇于拼搏的人，总是能认清自己的长处，相信自己的判断力，有主见比较自信。而自信不是自负，自信心强的人，敢于进取，勇担风险，往往有所创造，有所作为。因此，自信是成功和创造的第一要素。一些有重大成就的科学家在回顾往事时，几乎都有这样的体会，在艰苦探索的道路上，当遇到困难和挫折时，最忠实、最可靠的伙伴便是——自信。

自信心是人生潜能发掘者。目前，我们对大脑的认识是远远不够的，人脑有149亿个神经元，9000万个辅助细胞，能存储1000万亿信息单位，相当于5亿册图书。显然,人脑目前远未开发出来，在对大脑奥妙的认识上，我们欣喜地看到，美国著名科学家凯奇已经获得了激动人心的发现，大脑细胞是会不断生长的。在刚刚过去的20世纪中，科学家一致认为脑细胞的发育和身体其他细胞有很大不同，大脑神经细胞不会再有增加，成人大脑不会长成新的神经细胞。凯奇相信，一旦人的行为发生变化，比如加强自身锻炼，就会对神经的起源产生影响并改变大脑的“路线分布”，即便是成年人，“我们也能对改变自身状况有所作为”。

自信是一种微妙的精神力量。相信“天生我材必有用”。人生成功的经验，就是充分认识自我、战胜自我，增强自信心是成功的重要因素。世界喜剧大师卓别林说过：“历史上所有伟大的成就，都是由于战胜了看来不可能的事情而取得的。”美国加利福尼亚大学医学院学者查理·菲尔德在研究了1500名著名成功者后发现，他们共同的品德就是不要低估自己的潜力。美国天体物理学家萨利莱德女士说：“我从来就认为男人能做到的，我们女人也一定能做到。”她毅然报考国家宇航训练中心，成为美国第一位进入太空的女性。我国妇女运动的先驱、女革命家蔡畅曾在一篇题为《一个女人能干什么》的报告中讲：“一个女人能干什么？我的回答是，能干，什么也能干，不干，什么也不能干。如果努力干，就是从一些小的管理工作到管理国家大事都能干；如果不干，就会变成新社会的寄生虫。”人贵有志，志贵有恒，有志者事竟成。“出路”两个字，按中国象形文字的解释，就是翻过两座山，各人都留下足迹，这才能有出路，意思是干什么事情都要付出艰辛和经受磨练。

自信心是个性发展的最坚定的支持者。一个人的自信心本身也可看作一种个性，它支撑着其他个性的发展，帮助形成许多优秀的心理品格。自信心可以使个性心理趋向更加强烈，使心理特征、性格、气质更为鲜明。

培养自信，就要正确对待失败。自信心面临的最大考验，是正确对待失败。不多的失败，一般能锻炼人，无损自信心。但一次又一次的失败，对自信心就是严峻的考验。一个人一生中没有失败是不会成功的，有些青少年经受不住失败的考验，这是个大问题。

如何习惯失败，理性对待失败，走出失败阴影，从失败中学习，是现代社会健康人格的重要方面，是当代人必须具备的素质之一。现代社会是一个竞争日趋激烈的社会，能力高强的人，也不会永远都是胜利者，往往是从失败中学到的东西，要比从胜利中学到的东西还要多。能正确总结经验教训，失败就是成功之母。常言道，失败是人格的实验田，失败是走上更高地位的开始。检验一个人的品格，最好的办法是看他失败以后能否激发他潜在的力量，激发更多的智慧和努力，失败是强化了他的判断力，还是让他心灰意冷，停滞不前。

美国前总统尼克松有句名言："人生要99个回合。"他总结自身几次大落之后又大起的经验时说："失败决不会是致命的，除非你认输，但你经历失败时你就能正确看待你的弱点。"现代社会可以保证每一个人都有均等的发展机会，但并不能保证每一个人都有成功的把握。对于一个不怕失败的人来说，成功了自然好，失败了也要能够承受，无论何时何地，都要始终保持进取的动力和勇气。十次、二十次地从失败中吸取教训，可能并不会使你与众不同，但几百个教训的积累，却会使一个人走上完全不同的道路。同时学会容忍失败，即使是伟大的成功者，其失败的次数还是要超过成功的次数。不少诺贝尔奖获得者都是在经历了许多失败以后才换来了成功。没有失败就没有创新，越是有突破性的东西，越是有创新性的产品，就会经历越多的失败。

自信心是美好未来的创造者。人这一生做事，有自己喜欢的，也有不喜欢的。做喜欢的事容易，做不喜欢的事难。能够把自己喜欢的事做好，说明你有能力。如果把你不喜欢的事做好，说明你有信心，是一种本事，更是一种优秀品质。美好属于自信者，机会属于开拓者，奇迹属于执着者，能永远做好当下的事，能坚持做正确的事，就一定是成大事者，是成功者。

培养自信，就是充分相信自己，肯定自己。自信使人自强，自信能把潜质发挥到极致，自信能得到高峰体验。培养人首先要培养自信，摧毁人首先就是摧毁自信。自信关键在于你怎么看自己，你对人生是否感到自信满意；是否认为发挥了自己的才华，干成了有意义的事情；是否实现了人生目标，没有虚度年华，枉此一生。

这是一个著名的实验。1960年新学年开始时，哈佛大学的心理学家罗森塔尔博士请校长把三位教师叫进办公室，对他们说："根据你们过去的教学表现，你们是本校最优秀的教师，因此，特意挑选了100名全校最聪明的学生组成3个班让你们教，这些学生的智商比其他孩子都高，希望你们能使他们取得更好的成绩。"三位教师都高兴地表示一定尽力。校长又叮嘱他们，对待这些孩子，要像平常一样，不要让孩子或孩子的家长知道他们是被精心挑选出来的，教师们都答应了。一年之后，这三个班的学生成绩果然排在了整个学校的前列。这时，校长告诉了教师们真相：这些学生并不是被刻意挑选出来的最优秀的学生，而是随便抽取的普通学生。他们也不是被特意挑选出来的全校最优秀的教师，不过是随机抽出的普通教师罢了。这个结果正如博士所预料的：三位教师都认为自己是最优秀的，学生又是高智商的，因此对教学工作充满了信心，工作自然非常卖力，结果肯定非常好了。

俗话说："肯定自己，事情就等于成功了一半。"因此，无论做什么事，只要你战胜自卑，相信自己，找回自己的信心和勇气，你就有希望成功。美国前总统克林顿最喜欢的教师，是他中学时期的化学教师，这位教师非常自信，每次上课前，他总要整理好衣服，对着镜子大叫三声，“我是世界上最有魅力的男人”，因而他所教的学生也自认为，“我是美国最优秀的学生”。石油大王洛克菲勒有这样一段妙语：“如果把我身上的衣服全部剥光，一个子儿都不剩，然后把我扔到大沙漠去。这时，只要有一支商队经过，那我又会成为亿万富翁。”洛克菲勒之所以敢说如此大话，因为他相信自己是最优秀的。

请记住：信心可以产生神奇的力量，信心可以帮助我们创造奇迹。

自信与自负是两个不同概念，在树立自信的同时，要注意克服自负情绪。在哲学家罗素看来，作为人的一种本能情绪，自负也是源于人的动物心理。作为万物之灵，人相对于其他动物有许多优越的地方，从而使人产生了一种优越感，并把这种优越感也体现在人与人之间的相互关系中。男女不同性别之间、各个不同民族之间，都因这种优越感而互相瞧不起。罗素断言，这种优越感必然导致自负的毛病。自负就像布满铁丝电网的高墙，把人与他人、与外界分割开了，难以同他人形成融洽和谐的关系，不能互相沟通感情。

怎么消灭自负这个大敌呢？罗素认为，必须时时提醒自己，在广褒的宇宙中，地球不过是小角落里的一颗小行星 ，如同沧海一粟。在生命的长河中，人类的存在不过是一个简短的插曲，更何况短暂的人生。即使我们是这个星球上最优秀的物种，即使你是盖世无双的人才，那也没有什么值得自负的理由。

培养自信，要认识自我，要有自知之明。所谓自知之明，就是要清醒地认识自己，客观地评价自己，正确地调控自己。为人处世，首先要知道自己是个什么样的人，有什么优点和缺点，有什么特长和潜能，懂得自己适合干什么，不适合干什么，对自己扮演的社会角色有一个明确的定位。

目前社会上自恃过高的人很多，他们在认识自我时，往往只知道自己知道什么，却不知道自己不知道什么；只了解自己的长处和优势，却不了解自己的缺点和劣势；只记得自己的功劳，却忘记自己的过错；只想着有恩于人的地方，却忽略了自己有愧于人的地方。在评价自己与他人时，过高地估计自己的学问、才能、品德和成就，而过低地估计他人的学问、才能、品德和成就，许多矛盾和冲突由此而来。

《论语》中记载了孔子与其学生这样一段对话。孔子的学生子夏问孔子："颜回的为人怎样？"孔子说："颜回的仁义比我强。"子夏又问孔子："子贡的为人怎么样？"孔子说："子贡的口才在我之上。"子夏接着问："子路的为人怎么样？"孔子说："子路的勇敢是我所不能的。"子夏再问："子张的为人怎么样？"孔子说："子张的庄重是我所不及的。"子夏越听越糊涂，便说："既然他们都比你强，为什么他们还愿意拜你为师呢？"孔子说："颜回仁义，但不懂得变通；子贡口才好，但不够谦虚；子路勇敢，但不懂得退让；子张虽然庄重，但与人合不来。他们为人的优点虽然是我不能及的，但是他们的缺点是我没有的，所以他们愿意拜我为师，跟我学习。"这段对话说明了一个道理：每个人都有自己的优点和优势，每个人都有自己的缺点和劣势。所以，我们要清醒认识自己的长处和短处。

自信是人生成功的重要基石，是人生成功的第一要诀，自卑是第一大敌。自信使人自强，只有自信，才能使人的潜力才华发挥到极致，也只有自信，才能使人得到"高峰体验"。自信是创造的天然伙伴，培养自信就是培育创造，损害自信就是扼杀创造，这是心理科学证明了的结论。因此，中央电视台播放了十五集电视系列片《巾帼英杰》，报道了28位中国各界有突出成就的女性在不同岗位上取得事业成功的典型事例，她们上至国家领导人，下至各行各业，有政治家、经济学家、科学家、企业家、艺术家、高教工作者。其中，就有从小儿科大夫成长为国家领导人的何鲁丽，她们一个共同的特点就是自尊、自信、自立、自强，充分挖掘自己的潜能和优势，最终取得了事业上的成功，成为时代的强者。我们没有任何理由自卑自弱，应该树立"你行我也行"的坚定信念。记得台湾有首歌曲在校园里非常流行，歌词非常富有哲理，"三分天注定，七分靠打拼，爱拼才会赢"。人不能有野心，更不能有贪心，但绝对不能没有进取之心。一个人在事业上没有追求，要取得事业上的成功，是绝对不可能的。因此，我们要不断强化"天生我辈必有才，天生我材必有用"的信念。

做人要自强自信，还必须坚守自强自励的人生哲学。面对信息时代各种思潮的相互激荡，面对纷繁复杂的社会现实，我们可能一时会有些疑惑、彷徨和失落，这是正常的。但我们在偶尔"吐槽"之余，要勇做积极的建设者。北京大学潘维教授讲过一段很有启迪性的话："我们昨天的理想，决定了中国今天社会的现实。如果我们今天对现实不满，那么我们的理想就是祖国的未来。未来不是更堕落，而是更美好。"美好的未来就掌握在我们自己手中。我们要自信自强，不畏艰难，摔打历练，努力完善自我，抵达"踏遍青山人未老。风景这边独好"的人生境界。人生是不可复制的，我们永远不要被喧嚣、浮躁所迷惑，相信自己，勇做自己，完善自己，做一个更好的自己。

第13讲

做人要有合作精神

知识经济呼唤人的相容与合作。如果说农业经济、工业经济人们崇尚的是个人奋斗“单打式”的发展策略，那么知识经济是鼓励合作与交流的“网络式”发展策略。我们处在共生共存的时代，更加强调与人相容、合作共处。在当今时代，不懂合作的人，也就不懂真正的竞争，在强手如林的世界，最终会丧失竞争力和发展机遇。

一、合作精神背景要求

（一）市场经济发展要求合作精神

市场经济是竞争经济，也是合作经济，竞争与合作不可分割，相辅相成。没有竞争就没有活力，但没有合作，竞争也无从谈起。无论是自然界还是人类，都存在一个相互依赖的系统。在这个系统中，重要的不是元素个体，而是个体之间的相互联系。相互竞争只是手段，共同获取利益，求得发展才是目的。由此，我们得到一个启示，市场竞争，固然有优胜劣汰，但所追求的不应该是“你死我活”、“独霸天下”的较量，而是“互利共生”的多赢。

美国著名的麦克锡咨询公司提出了21世纪企业发展的“协作竞争、结盟取胜、双赢模式”新战略，这是一种适应知识经济需要的网络型战略。美国麦克锡咨询公司咨询专家乔尔认为，对全球企业来讲，完全损人利己的竞争时代已经结束。在瞬息万变的市场中，任何一个企业，做到完全自给自足不仅不再可能，而且不再可取。

合作是未来的价值，联营是未来的结构，即从单纯的竞争到合作型竞争，从追求独家利润到互惠互利，从独赢模式到双赢模式、多赢模式。有位著名经济专家讲过，我有利，客无利，客则不存；我利大，客利小，客则不久；客我利相当，客则久存，我可久利。成功的经营就要始终处于一种互惠互利这种状态。有些人做生意，太精明，老是怕吃小亏，结果吃大亏。

在新加坡，不管是企业，还是政府，走到哪里大家都在讲“双赢”、讲和谐。问他们那里有没有董事长和总经理闹矛盾的情况，新加坡人说，有，但问题不严重。为什么？因为对于企业的董事长和总经理来讲，就是一个标准，即企业能不能有效益。如果没有效益，不问是董事长的责任大，还是总经理的责任大，一块免职。所以在那里，没有人敢拿企业的效益开玩笑。另外，在政府机关，无论走到哪里，大家都在讲“双赢”，讲得很形象。姓张的和姓乔的两个人在一起搭班子，只有4个结果：姓张的好，姓乔的不好；姓乔的好，姓张的不好；姓乔的和姓张的都不好；最后是两个人都好。新加坡的公务员都选最后的结果。

人们知道，竞争是市场经济的精髓，没有竞争就没有市场经济。因为竞争，才有生产效率的不断提高，才有生产组织形式的持续改进，才有社会财富的涌流和人们生活水平的水涨船高。而竞争的原动力则是人们的逐利心理和行为。这只是问题的一个方面。其实，合作也是市场经济的必要条件，没有合作同样没有市场经济。因为合作，社会分工得以实现，人们得以各展所长，经济得以有效组织，人类社会得以超越弱肉强食，进入文明时代。不能排除合作者有自利的动机，但合作能够超越血缘关系普遍扩展、不断深入，则是基于人们的利他心理和行为。

人们需要合作，缘于人类生存和发展的需要。人类是万物之灵，但个体的人又是大自然中的弱者。人类的祖先能够在物竞天择的生存竞争中脱颖而出，靠的就是团结合作；而利他合作也就在长期的自然选择中成为人类的生物禀赋。工业化的推进、市场经济的发展在于合作，同时也把合作推向了新的高度。现代工业和市场经济是建立在社会分工基础上的。有分工，才有交换；有交换，才有市场。而有分工，就需要合作；有合作，才有社会化大生产。分工意味着专业化，意味着人尽其长、物尽其用。

如若没有合作，无论个人、企业还是区域都难以发挥自己的优势，就不可能享受到分工的利益。不同产品和服务的生产经营者需要有合作的意识，为使用者着想，为社会公共利益着想；同行也并非就绝对是“冤家”，各种行业协会、同业工会、合作社就是生产同类商品、提供同样服务的个人和企业的合作组织。

人们需要合作，缘于社会公平和正义的需要。善良的人遭灾落难，人们会感同身受；违反规则的人得不到惩罚，人们会愤愤不平。同情心和进取心一样是与生俱来的，关爱弱者、扶危济困是人类进化过程中形成的优秀品质。如果从竞争的角度来观察人类社会制度的演进，胜出的制度总是那些更有利于增进社会公平和正义的制度。

现代社会，人们不仅保留着利他合作的遗传基因，而且将其外化为制度和规则，成为经济和社会正常运转的基本保障。除了各种行业协会、商会以及合作社，社会保障制度是典型的互相合作的制度安排。通过这类制度，竞争中的失利者有了东山再起的机会，社会中的贫弱者不再担心流离失所，“老有所终，壮有所用，幼有所长，鳏寡、孤独、废疾者皆有所养”的社会理想得以实现。这是源于人们互助合作美德的制度，是维护社会和谐的制度，也是保障市场经济健康发展的制度。

自利和利他都是人类的天性。片面强调利他，忽视个人利益，不会有效率；片面强调自利，忽视合作互助，也不可能有长期、可持续的社会福利提升。追逐利润，但不能唯利是图；鼓励竞争，但不能不择手段；推崇效率，但不能践踏公平。要尊重人们对自身利益的追求，也要弘扬利他合作精神；要建立和完善竞争机制，也要为开展合作鼓劲、搭台，从而使“我为人人，人人为我”从自发走向自觉。

德国西门子首席执行官博付仁谈到，没有一个人是完美的，但一个团队有可能做到完美。很多杰出企业家也讲过，创业的最大困难往往不是技术，不是资金，而是创建一个兴衰共济的团队。所以大家要在集体中深刻理解团队的重要性，学会相互理解和了解，学会包容和欣赏，学会尊重和真诚，学会沟通和交流。独立并不难，从众更容易，既能独立，又能合作，才是最难的。

（二）科学技术发展要求合作精神

现代社会，重大科技项目获得者，往往是团体冠军，一个人干可能不成功，几个人干可能会成功，几个专业不同的人合干事情可能会惊天动地。特别是在学科交叉、技术集成、知识融合的背景下，个人作用越来越小，成就事业的关键在于集体的力量。真正像爱迪生、牛顿那样一个人单枪匹马孤军奋战，在今天的成功范例已极少见了。

科学发展史充满着合作精神。翻开人类科学发展的历史，我们就不难发现：一部科学发展史，就是人类合作的最好证明。尽管在历史上，也经历过个体和手工业方式的研究时期，但自从进入到现代科学技术发展阶段以后，出现了有组织的、规模庞大的研究活动。这个时候科学研究的主要特点是集体劳动与合作精神。

1985年诺贝尔生理学或医学奖获得者迈克尔·布朗在谈到他成功的秘诀时，特别强调“合作”二字。他说：“我同戈尔茨坦教授合作了20年。彼此亲密无间，互相学习，取长补短。另外，还得到德克萨斯大学医学院遗传病研究中心的支持，得到了勤快学生的协助和医生的合作。这些都是很重要的因素。”他还说：“搞现代科学研究，单枪匹马是不行的。合作，包括国际合作，是取得成功的重要途径。”

在重大应用和国防科研中，这种合作的特点表现得就更为突出。它不仅需要研究人员之间的合作，而且还需要不同学科以及研究单位、大学和企业的广泛协作。例如，美国于1942年制订的曼哈顿计划，动员了15万人，耗资20亿美元，动用了全国三分之一的电力，用3年时间制造了原子弹。美国于1958年开展的“北极星导弹”研究计划，共组织了研究所、大学和企业公司11000个单位参加。美国的“阿波罗计划”更是空前的，它共动员了42万人参加，其中有120所大学、2万家公司，耗资300亿美元，其规模超过历史上任何一个科学研究工程。

以上事实均充分说明，当代的一切重大科学研究项目，无论是基础研究，或者是应用研究，都必须实行紧密的合作。可以肯定地说，现代科学研究，不仅取决于个人才能，而且还取决于科学研究人员之间的有效的合作。因此，作为一个创造性的人才，一定要具有合作共事的能力，这也是充分发挥个人创造才能的重要保证。

现在重要的创新活动已经很少靠个人单打独斗，更多的是跨学科“集群”式的创新，没有团队精神、协同攻关、集思广益，就很难产生很大的创新成果。个人只有融入到集体之中，才会有个人的全面发展。我们要非常关注培养人的团队精神，这是道德的要求，也是素质的要求。天时不如地利，地利不如人和，天时、地利、人和这三个成功要素中，人和是第一位的，天时和地利都要通过人和才能发挥作用。作为创新人才，不仅要有创新的精神和本领，也要有合作共事的意识和水平。懂团结合作是大智慧，会团结合作是大本事，真团结合作是大境界。

在这方面，应该向我国团结合作精神的代表——“航天精神”学习。载人航天工程汇集了全国100多个行业、3000多个单位的几十万科技人员，形成了规模空前的大协作体系。如果没有相互之间的默契配合、通力合作，神舟飞船就不可能升空。增强团结合作意识，要从日常的学习生活做起。同事之间应该经常交流沟通，互帮互学，学会正确的“争”、可敬的“让”，在共事中共同体验合作的迫切感。

（三）政治建设要求合作精神

2008年6月7日，希拉里·克林顿发表演说，宣布总统竞选失败。一般来说，退选演说既不能流露出对对手的怨恨，又不能让自己显得灰溜溜，再加上希拉里个性很要强，演说难度可想而知。但实际上，演说正式开始前，她就受到了长达1分半钟的持续鼓掌欢迎，随后足足讲了30分钟，期间有几十次的掌声和欢呼，尽管是退出选举，但是她仍然像一个胜利者一样，演说极为出色，内容可圈可点，给人留下深刻印象。其高雅的团结合作政治风度，尽显无余。

希拉里·克林顿在演说中讲：

“为往事叹息，会阻碍我们前进。生命短暂，时间宝贵，沉湎于空想的代价实在太大。面对现实，我们必须团结起来。这就是我全力支持奥巴马参议员当选下一任总统的原因。”

“我们的战斗还将继续，我们的目标还没有完成，让我们继续用我们的能力、我们的热情、我们的力量、我们能做的一切，帮助巴拉克·奥巴马，让他成为美国的下一任总统。”

“我在竞选中，曾经同他面对面辩论了22次。我对他很了解，我亲眼看到了他的力量和决心，他的优雅和勇气。”

“作为人类，我们没有人是完美无缺的。这就是为什么我们彼此需要。当跌倒的时候，我们彼此扶持。当灰心的时候，我们互相鼓励。一些人会成为领导者，另一些人将紧紧跟随，但是没有人能够独自完成这一切。”

什么叫政治？政治就是政治家把自己的朋友搞得多多的，把敌人的朋友搞得少少的。什么叫经济？经济就是企业家把合作同行搞得多多的，双赢、多赢、共赢。如果把同行都变成了对手，变成了敌人，把自己搞成了孤家寡人，最终只能是四面楚歌，一败涂地。什么叫科技？科技就是科学家组成创新团队，集思广益，多学科协同攻关。现在有句话讲得好，生存靠国家，发展靠自己，锦上添花靠朋友。

（四）体育竞赛也需要合作精神

2014年的世界杯，德国和葡萄牙冠亚军之战就像刚刚结束的

NBA总决赛，前者像马刺，巨头虽好，从不贪用；后者像热火，巨头很好，拿着死用。于是，德国更团队，葡萄牙更个人，足球比篮球更复杂，个人主义时代早已淘汰。

二、合作精神的好处

善于团结合作，这是一个人的基本素质，是最重要的成功之道。有句话讲得非常到位："如果你周围的人都希望你成功，你肯定会成功；如果你周围的人都希望你失败，你迟早会失败。"领导不是单干，领导就是带领和推动大家干事的人，就是团结、组织和协调大家干事的人，就是团结和依靠大家干事的人，就是把上级的意图和个人的主张通过别人来实现的人。

前苏联英雄奥斯特洛夫斯基曾说过："不管一个人多么有才能，但是集体常常比他更聪明和更有力。"不论是在学校的优秀，还是毕业后的强大，个人的力量在社会生产生活中是有限的，只有团队的力量是无穷的。蔑视团队精神，难成大事。中国看重"天时"、"地利"、"人和"，"人和"的力量就是集体的力量，就是团队的精神。在工作中，往往没有最优秀的人，但却有最优秀的团队，团队能让你懂得谦虚，能催人奋进，能与人交流，能建立信任。我们要切切记住：世界不是"一个人"的世界，中国梦不是"一个人"的梦，是团队大家共同的梦。

团队出力量，出凝聚力，出生产力，出战斗力。不团结就会抵消力量，变成内耗力。要有组织协调各种力量形成"团队精神"的能力。农业社会的小手工作坊是靠个人手艺，师傅带徒弟；现代社会的领导人带领的是一支庞大而复杂的"团队"，是团队的"总队长"。如果没有全体员工的积极支持和参与，即使绝顶聪明的人也难以独自驾驭取得成功。只有像交响乐团指挥演奏出美妙和谐的交响乐那样，能组织、协调、指挥众人团结合作，共创未来的优秀领导者，才有可能取得成功。这是一种很高的技巧，是领导能力的关键因素。“团队精神”是一种独特的文化，是凝聚力的灵魂。培育团队精神，就是培植一种共同实现目标的理念，这种共同理念是一种无形的推动前进的巨大力量。善于培育和引领团队精神，是领导人成功的一把钥匙。

团结，逆境可以转为顺境，劣势可以转为优势；而不团结，顺境也会转为逆境，优势也会转为劣势。可以设想，如果在一个不团结的环境中，人人自保，人人自危，谁也不愿承担风险，也不可能改革创新。一个人有团结力、亲和力、号召力，是品德修养的集中表现，也是一个人人格和风格的集中表现。

一个不珍惜团结、不善于与人团结共事的人，不适合当干部，更不可能当好干部。一个人事业成功，职务升迁，离不开周围同事支持。不少人出问题，背后都有不团结的祸根。善于团结合作，有团队精神，是一个人有能力的表现，不容易做到；而搞不团结合作，是一个人没能力的表现，很容易做到。相互补台，好戏连台；相互拆台，都会垮台。在困难面前，最不好的做法就是互相埋怨，推诿责任。这往往是引发不团结的一个重要原因。其实，推诿是自己欺骗自己，更让人们看到你的失职，怀疑你的人格。

团结合作还有利于身心健康。茫茫人海，芸芸众生，天南海北，你我能在一起共事，这是一种缘分。要珍惜这种缘分，彼此以诚相见，愉快合作，每天高高兴兴上班来，心情舒畅回家去，这对身心健康大有好处。反之，台上握手，台下踢脚，凡事都要争个高低输赢，这将会带来无穷无尽的烦恼。团结既是成功之道，在某种意义上讲也是养生之道。

三、掌握合作的方法

学会欣赏，转换思维，看人先看长处，千万别看人先看短处。欣赏是真诚的流露，尊重的体现，把温馨送给别人的同时自己也受到了激励，播种的是关爱，收获的是友谊。

心理学研究表明，每个人都有感知别人对自己看法的能力。当你欣赏别人，或被别人欣赏之后，心情总是愉快的，情绪总是高涨的。一个人的爱心是从学会欣赏开始的，一个人的上进心是从发现别人的优点、长处开始的。当你不断发现别人优点的时候，说明你在进步。当你发现周围的人都不如你了，变成自我欣赏之后，说明你的进步已经停止了。高看别人一眼，未必降低自己；低看别人一眼，也未必抬高自己。但我们有些人总是高看自己低看别人，人际关系不容易搞好。一个领导班子、一个单位大家互相盯缺点，就是缺点的集合体；大家互相看优点，就是优点的结合体。古人讲得好：容人、容事、容言，退一步海阔天空，让一步风平浪静。

欣赏他人是一种美德，一种素养，一种能力，需要认真培养。我们要做到用别人的智慧充实自己，不用别人的智慧贬低自己；用别人的成功激励自己，不用别人的成功折磨自己；用别人的错误提醒自己，不用别人的错误娱乐自己。

一个人最难能可贵的是拥有敢于承认“我不如别人”的勇气和胸怀。一个人，只有看到自己不如别人的地方，才能取人之长，补己之短。我们看到一些人，一旦当了大官，成了一把手之后，听到的多是赞美之词，久而久之，便失去了自知之明，只会被别人欣赏，而不会欣赏别人，处处觉得别人不如自己，很少看到自己不如别人。

什么叫优秀人才？就是要欣赏别人的优点，调动别人的长处，发挥别人的积极性，在团队中营造一种相互欣赏的氛围。一个无锡的民营企业家，通过称赞员工的优点和承认其贡献，调动起大家的积极性；凤凰卫视的董事长刘长乐每天上班的时候都要想办法找三句话来赞美他的员工，天天这样，既调动了大家的积极性又改善了自己的心情；外国人交往时，见面总是夸你几句，如“今天你穿的衣服好漂亮啊”，等等。教育学有个原理叫激励教育，也叫欣赏教育，其中有一句话“好孩子是夸出来的”非常有道理。人会因表扬而发奋，人会因激励而改变。所以，一定要学会欣赏，学会激励，学会表扬。

其实，真正聪明的人不是首先发现别人不如自己的地方，而是首先发现自己不如别人的地方，不是总盯着别人的缺点，而是善于发现别人的长处。凡是把别人都当成傻瓜的人，最终证明，自己才是傻瓜。人与人之间在聪明程度上有差异，在学问上有高低，但在人格上都是平等的，你要想得到别人的尊重，那就应当先懂得尊重别人。

欣赏别人，就是要高看别人。我们现在不少人是高看自己，低看别人。他们在认识自我时，往往只知道自己知道什么，却不知道自己不知道什么；只了解自己的长处，不了解自己的短处；只记得自己的功劳，却忘记了自己的过错；只想着自己有恩于人的地方，却忽略了自己有愧于人的地方。

欣赏别人就是多赞美别人。赞美是改善人际关系的“润滑剂”。在现实生活中，赞美不仅仅是一种现象，还是一门学问，更是一种艺术。马克·吐温曾经说过：“一句精彩的赞词可以代替我十天的口粮。”赞美别人，其实是一种智慧、一种策略，是人际关系中能够融合各种关系与矛盾的“润滑剂”，而且这种美丽的言词又是免费供应、无需任何投入的。如此“于人有利、于己无损而有利”的事，何乐而不为呢?

赞美他人是博取好感和维系好感最有效的方法。美国前总统威尔逊在竞选民主党总统候选人的时候，也采用了赞美他人的方法。威尔逊多年以前表示要将某议员打得一败涂地。在华盛顿的某一场宴会中，那位议员也在座，威尔逊在他的演说词里，对那位议员的品格和他之所以博得名誉的缘由赞赏备至。过了不久，威尔逊又和该议员碰面了，那位议员与原来判若两人，对威尔逊十分热情客气并在竞选中支持了威尔逊。

赞美他人是博得他人好感、获得他人赞同的一把“金钥匙”。把赞扬送给别人，就像把食物送给饥饿的乞丐。在许多时候，它就像维生素，是一种最有效的食物。人总是喜欢别人的赞美，有时，即使明知对方讲的是赞美话，但听后绝不会厌恶，除非对方说得太离谱了。

赞美不仅是一种至高的说话技巧，也是增进人们之间情感的重要桥梁。有些领导干部就是不会表扬，不会赏识。领导要赏识部下，部下也要赏识领导，不要天天盯着领导的缺点，反而叫领导欣赏你的优点，这是个互动的关系。在欣赏美、欣赏别人的优点时会产生一种上进心，也就是说你见贤思齐的动力由此产生了。欣赏会产生爱慕，产生尊敬；欣赏会产生上进心，产生动力。

领导干部平时要提醒帮助有缺点的员工，工作的时候要多看到他的优点和长处，用人要各尽所长。如果一谈到用人，首先就想到人的缺点，用人的范围就会越来越小。如果转变思维方式，分析一个人的长处和优点，视野就会开阔一些，能干能用的员工就会出现在你的面前了。

欣赏的心态是阳光的。这种心态，有一种喜悦之心，欣然之情。有了这种心态，看天，天杰；看地，地灵；看人，人勤。有了这种心态，就不会相信世界上会有不亮的天，地球上会有走不通的路。有了这种心态，即使冬天来了，也会说，春天还远吗？即使无路可走了，也会说，路不都是人走出来的吗?即使有人犯错了，也会说，人非圣贤，孰能无过？这种阳光心态有一个稳定的基因：积极多于消极，乐观多于悲观，自信多于自卑。这种心态，在欣赏别人中展现了自身人格的魅力。

相互沟通，对于加强团结合作也非常重要。团结合作的基础是共识，共识的前提是沟通，沟通的关键是相互理解。你不是我，我不是你，彼此有不同看法很正常，重要是通过沟通达成共识。现在有的领导干部团结不够，合力不足，往往不是制度原因，而是缺乏沟通。有些不同意见完全可以通过事先沟通、个别酝酿来化解矛盾，形成共识。但由于领导之间有成见，不能主动、经常坦诚沟通，导致矛盾积累，小矛盾变成大矛盾，能沟通的问题变得无法沟通。也有的人比较有主见、有个性、有魄力，但缺乏协调配合的意识，导致有的个体领导力很强，但整体领导力不强。同事之间要做到坦诚相见，相互配合；做到大事讲原则，小事讲风格，共事讲团结；做到敢于担当责任，彼此之间分工不分家，尤其在工作重叠或分工的盲区，能够主动靠前一步沟通协调，主动补台，防止出现工作真空。

只有加强了沟通交流，才能互相理解，相互包容，相互合作，才能更好地面对越来越大的挑战。现在不少人主动与人沟通能力不足，国务院前总理朱镕基也曾谈到清华学生不善言表问题。当时他语重心长地说：行胜于言不是不要言，古人说立德、立功、立言。这里说的言不是自我吹嘘，夸夸其谈，言过其实，只说不做，而是言之有据，言之有理，言之有信，言行一致，说到做到。

沟通还表明你对他人的尊重和理解。沟通是团队合作精神的重要体现，沟通也是影响他人，改变社会的重要方式。人类处在信息化加速发展的时代，主动沟通，善于表达，将会得到更多的理解，获得更大的支持。

第14讲

做人要有包容宽容

包容是一种非凡的气度，一种宽广的胸怀，更是一种高贵的品质，一种崇高的境界。从政治上讲，这种包容性表现在对自由的追求和对自由权利的维护。从社会上看，能够宽容人的偶然过失，理解人的偶然误解，保护人的人格尊严，鼓励创新等。

包容不是示弱，而是示强，是自信自强的表现。包容不只是对别人大度和接纳，更重要的是自我克制，自我战胜。

在传统文化中，有一种精神叫以德报怨，无论对方有怎样的意愿甚至恶意，都要对对方怀有包容之心。包容不是投降，包容不是逃避。包容别人时，体现的是自己人格的伟大。

在中国文化中，“包容”的真正内涵是“厚德载物，海纳百川，不同而和，和而不同”。在英文中，“包容”可以解释为一种忍耐力，是尊重他人信仰的行为能力或行动。2005年，联合国科教文组织在其通过的《人权与文化多样性》的文件中指出，“容忍”是21世纪国际关系中必不可少的价值观念。

从社会学角度看，“包容”指的是社会要素的聚集、荟萃、梳理和组合，由此实现社会和谐。

胡适先生曾讲：“容忍是一切自由的根本：没有容忍，就没有自由。”“人类的习惯总是喜同而恶异的，总不喜欢和自己不同的信仰、思想、行为。这就是不容忍的根源。”这些都是非常深刻的道理。当然，毫无原则的宽容和容忍也是不应当的，对于践踏基本社会正义和良知的行为，一定要坚决反对和斗争。但我们也不能不承认，在现实生活中，宽容精神总是比不宽容更为难得。1993年，世界宗教大会从各国文化精典中找到了一条最基本的伦理共识：“己所不欲，勿施于人。”这一原则，就是充分表达了人类应当互相宽容、互相尊重的精神。

从伦理学角度看，“包容”指的是人与人、人与社会的道德规范，严以律己，宽以待人，社会以人为本，人以社会为本。社会越是以人为本，人越是要以社会为本。

从政治角度看，“包容”指的是团结一切可以团结的力量，发挥一切可以发挥的积极性。

包容是一个人的胸怀。由于人类社会群体的复杂性和利益诉求的不同，导致现代社会价值取向的多元化。就如哈贝马斯所说：“包容是要形成一个共同体，这个共同体对所有人都是开放的，包括那些陌生的人。”也如费孝通先生所说：“各尽其美，天下大同。”

包容他人，要能倾听不同的意见，特别是反对的声音和那些荒诞的想法，真正做到心胸宽广，厚德载物。包容，还要包容自己，你追求完善完美，但不要期望得到周围每个人的赞赏，要习惯于刺耳的批评甚至无端的指责，因为创新总是从少数人开始。在一个日益多样化的社会，只有尊重他人的与众不同，才能做到自己与众不同。

一、包容年轻人

纵观古今中外的历史，青年人开拓创新，为人类作出重大贡献的例子比比皆是。牛顿发现万有引力时年仅23岁，爱因斯坦26岁创立相对论，华罗庚25岁便成为著名的数学家……在人类攀登科学高峰的征程中，无数的青年才俊以其强烈的求知欲和坚韧不拔的探索精神，最终摘取了丰硕的果实。因此，我们要反对论资排辈，不论资历深浅、地位高低，在真理面前人人平等，在竞争机会面前人人平等，不要让年轻人才有碰到“天花板”的感觉。

现在年轻人才面临很大竞争压力，在科研项目、科研经费等资源分配上，有的教授资源在不断堆积，科研项目一辈子做不完，科研经费一辈子用不完，被戏称为“学术老板”、“学术包工头”。而年轻人才面临很大竞争压力，如何为年轻人才提供一个公平公正的事业发展平台和脱颖而出的舞台，这是当前迫切需要解决的问题。

任何物质产品都有保鲜期、保质期，人才同样存在一个保鲜期、保质期问题。对于人才，应当在他们处于精力最旺盛、进取心最高峰时委以重任，把他们用好、用足、用活，这样才能取得最佳的人才效益。

初出茅庐、血气方刚的年轻人才，他们有棱有角，敢想敢干，“初生牛犊不怕虎”，有时处世毛糙，难免“撒汤漏水”，说话也会得罪人。二三十岁的年轻人没有一点狂气，不说点大话成不了大器，当然，四五十岁的人还整天说大话也就不好造就了。年轻人犯错误，上帝也会原谅。对成长中的年轻人才应当多一点偏爱，多一点袒护，多做一点补台的事情，使他们逐渐成熟起来，强壮起来。

在年轻人才遇到困难和挫折时，我们要敢于挺身而出，为他们保驾护航。如果不设法遮挡住他们的“伤口”，而是任人捅来捅去，那么一个很有希望的人才就可能提早夭折了。

有两句广告词用来鼓励年轻人：一句是年轻人没有什么不可以；第二句是思想有多远，我们就能走多远。现在不只是年轻人自身问题，是我们给他们创造一个什么样的环境，给他们什么样的引导的问题。

干部人事制度改革尤其要重视年轻干部的培养，这就要解决三个问题：一是观念问题。比如，对年轻人才是不是求全责备。长者眼中的年轻人总是不很成熟，因为年轻与成熟两者本身就是一对矛盾。又比如，怎么全面正确地看待年轻干部。年轻人才肯定会有缺点，但要看是什么样的缺点。如果是世界观、品德、意识上的问题，这就很麻烦；如果是能力的问题，是发展过程中的问题，就要允许人家改正、提高。年轻人才可能有些不成熟，但早压担子早成才，只有把他放在岗位上，他才会很快成熟起来。对年轻人才要看主流，看发展后劲，看发展潜力。

二是作风问题。有的人对年轻人才做什么事情都不放心，不放手，个别的还很霸道，那么年轻人才冒出来就很困难了。年轻人才如果积极性高，能力强，想多做点事，有些老同志就会想，他是不是迫不及待啦，意识是不是有问题；如果这个年轻人才小心翼翼，样样都“缩着”，有些老同志又会想，能力是不是有问题啊，真是让年轻人左右为难。

三是方法问题。现在不少单位对年轻人才“养”而不“压”，没有把重担子压上去，是“圈养”而不是“散养”。“散养”是让他们到外面去跌爬滚打，在岗位上“真刀实枪”地干。“圈养”是这里“圈”一阵，然后再让他去那里“圈”一阵，好像经历很多，但蜻蜓点水，全靠别人“喂食”是很难成功的。衡量一个人事部门、一个单位主要领导的工作，不仅要看其业务工作的实绩，而且要看优秀青年人才是不是一批一批地培养出来。这个地方如果优秀中青年人才总是出不来，长期以来“手下无强将”，这个单位的领导再能干，也不是一位好领导，这个组织人事部门也不是一个好的组织人事部门。

二、包容优点和缺点都突出的人

阿里巴巴总裁马云最近谈到，最理想的团队是“刘备＋五虎上将＋诸葛亮”。这样的团队结构是千年不遇的，是理想化的。现实中的团队应该是唐僧西天取经模式，“唐僧＋孙悟空＋猪八戒＋沙和尚”。唐僧能力比较差，大方向很清楚，就是到西天取经；孙悟空本事很大，优点突出，缺点也突出，老犯错误；猪八戒属于很会享受生活的人，善于巴结领导，和上面搞好关系；沙和尚，什么也不问，就是干活，属于职业经理人类型。这样的团队是现实生活中真正好的团队，经过九九八十一难，也能取得真经，也能取得成功。

对待孙悟空这类人物，优点缺点都很突出，老犯错误，我们要包容，不要扼长补短，弃之不用。自古以来，那些在事业上独领风骚开创新风的天才人物，大都是优点和缺点都很突出的人，他们的创造基因和超凡天赋，往往就包含在那些与众不同的特质和怪异的性格之中。

美国苹果公司总裁乔布斯就是一位优点和缺点都很突出的人。一方面，他是一位改变世界的天才，是数字化时代的导航灯，是创造苹果帝国的商业巨子。另一方面，他又是一个粗暴蛮横、刻薄自私、不近人情、道德品质并不高尚的人。2011年乔布斯去世后，在中国也曾引发了议论，提出这样的问题，中国能不能产生乔布斯这样的天才？如果乔布斯在中国会不会健康成长？我们能不能包容这样的科技天才？

一个创新型的社会，应当包容各式各类人才。一种富有活力的人才政策，不但要面对广大的普通人才，而且要兼顾极少数天才、奇才、偏才、怪才。对于那种优点和缺点都很突出，但有希望带来突破的人才，应当不求其全而求其特，不以小恶而忘其大善，不以小瑕掩其大功。扬长避短，用其所长，使其把特长和潜能发挥出来，最大限度地激发其正能量。起用这种人才，会有很大困难和阻力，需要创造条件，开辟便捷通道。这无疑是一种风险投资，但没有高风险就不可能带来高回报。关键是要有包容和宽容的眼光，要有海纳百川的胸怀，要有不拘一格用人才的气魄。

三、包容犯错误的人

任何人都会犯错误，人就是在不断犯错误而又不断改正错误中逐步走向成熟的，一贯正确的人是根本不存在的。

人非圣贤，孰能无过。看待人才，不能以无过为尊贵，而要以改过从善为美德。如果一个人犯过一次错误就被列入另册，打入冷宫，永远不被信任和重用，那是很大的人才浪费。列宁说过："战败的军队善于学习。"失败的教训往往比成功的经验对人的教育更深刻、更难忘。一个犯过错误的人，一旦吸取了教训，就可能变得更聪明、更成熟，以后走的弯路会更少一些。

三国时期，曹操为了成就大业，三下"求才令"，在吸纳人才方面显现了巨大的魄力和胸怀，他的选才原则是：舍弃旧怨，不计前嫌；忠于故君，崇尚仁义；启用降将，不杀雄才；体谅错误，鼓励言论；唯才是举，因材授职。正因为曹操敢用人才、善用人才，才最终成为一代枭雄。

人难免有偶然失足的时候，聪明的人有时也会犯低级错误。有些本来很有前途的人，往往因为一时失足而铸成千古之恨。对于这种一时失足的人才，在处理时应当手下留情，尽可能留有余地，留条出路。

四、包容伤害过自己的人

对伤害过自己的人不要耿耿于怀，蓄意报复。人不能得志便猖狂，得理不饶人，对得罪过自己、伤害过自己的人怀恨在心，不依不饶，必欲置之死地而后快。人与人之间的宽恕都是相互的，你不宽恕别人，也就得不到别人的宽恕。冤冤相报何时了，苦苦相逼何时消！所谓“君子报仇十年不晚”并不是什么英雄气概，不值得提倡。

佛家在劝诫人们时经常说，自己活也要让别人活，要想自己活得好，也要设法让别人活得好。如果只想自己活，不让别人活，那自己也活不好，甚至活不成。当前世界恐怖活动泛滥的深层原因，就是霸权国家横行霸道，欺人太甚。他们只想自己活，却不让别人活。有些人被逼急了，便采取这种恐怖报复的方式，意思是你不让我活，我也不让你活，干脆大家都不活了。

美国南北战争历时四年，同胞相残，双方死亡总数达62万人，是立国时美国人口250万的25%。如何让内战伤痕不留给后代？战争接近尾声时，林肯总统便于1863年12月8日发表《大赦与重建宣言》，宣布赦免所有叛乱者。北军统帅格兰特也在受降仪式上宣称：“昔日我们是敌人，战争结束我们又是同胞兄弟！”说到做到，美国阵亡将士纪念碑就包括了南北双方阵亡将士。每年五月最后的一个星期一定为阵亡将士纪念日，是全国一年10个法定假日之一，举国同哀悼。

社会问题的解决虽然不可能一劳永逸，但把旧怨宿仇历史陈债尽量宽容化解，乃是保持社会稳定的重要前提。

1927年，蒋介石在南京建立民国政府。之后不久，国民党部队就到湖南韶山冲要挖毛泽东同志的祖坟。毛家人知道消息之后，提前一天把这个祖坟平掉了，由此将这个祖坟保留下来。新中国成立，中共大军南下，党中央毛主席给华东野战军的中央指示是，保护好浙江奉化的蒋介石老家。一直到后来的邓小平同志，把奉化蒋家的一套照片转赠给蒋经国先生。蒋经国先生说：共产党的这份情，我领了。

2007年，美国弗吉尼亚理工大学枪击案发生后，西方民众最终原谅了凶手韩国学生赵承熙，认为“他是在我们这里被关心得不够，才做出了这样的事情”。据报道，在遇难者悼念仪式上，放飞的气球是33个，敲响的长钟是33声。其中包括32名遇难者和自杀的凶手赵承熙，33块半圆的石灰石悼念碑被安放在校园中心广场的草坪上。

对凶手的包容意味着什么？他们认为凶手本身也是受害者，因为他有心理疾病，没有得到社会家庭的及时救治，才导致悲剧的发生。

五、包容不同学派的人

任何人都不应以真理化身自居，压制不同观点、不同意见、不同学派、不同风格，如何判断评价，地位高低、权力大小、人数多少，这些都不是裁判的标准，只有实践和时间才是最公正的裁判官。

历史上杰出的科学家大多具有超凡的天赋和智慧，他们推翻约定俗成的公理，质疑理所当然的结论，提出异想天开的构想。这些科学家提出的新思想，常常被看作“异端邪说”，受到压制。伽利略发明了望远镜论证了“日心说”，而人们却骂他是学术骗子，几乎把他置于死地；爱因斯坦提出了“相对论”，却被人攻击为“犹太人危害世界”的阴谋；莱特兄弟发明了飞机，开创了人类航空史上的新纪元，而当初也遭到美国科学界和舆论界的封杀，被迫移居法国继续他们的飞行试验。

创新创造需要包容，这是事业发展中兼容并蓄的内核。有的科研项目虽然有很好的创意，但并不成功，原因并不是技术不行，而是缺乏一个结构合理、能力互补、分工合作的团队。现在许多人喜欢找身边人、熟悉人一起做事，愿意与同性格、同质化的人开展合作。其实，做成一件事，更多时候要和不同的人一起工作，特别有的时候并没办法选择团队，必须与具有多种个性特质的团队成员相处。因此，在团队做事，不仅要发挥自己的聪明才智，最重要的是学会包容。首先要包容别人，能倾听不同意见，特别是那些反对的声音和看似荒诞的想法，真正做到心胸宽广，厚德载物。还要包容自己，我们追求卓越和完美，但不要期望得到周围每个人的赞赏，要习惯于刺耳的批评甚至无端的指责。

六、包容失败失误的人

这是鼓励探索、激励创新的重要文化环境。包容失误失败，是对科学规律的深刻认识，是为科学发现、发明提供一个应有的宽松环境，是遵循科学技术发展的规律，鼓励更多的人去探索，去创造。任何真理的获得都不是一次完成的。探索真理的过程就是一个不断战胜错误，从相对真理走向绝对真理的过程。在探索过程中形成的阶段性认识，都是不完善或不正确的，如果一出现失误就指责、就怀疑、就封杀，那就等于堵塞了通向真理的道路，使任何的研究探索、改革创新都不能进行。

在自然科学研究中要允许失误和失败，在社会科学研究中也应当允许失误和失败。越是原创性的研究，失败的风险就越大，我们不要单以成败论英雄。对真理的追求和认识是科技发展的永恒活力和动力，是一个曲折但又生动鲜活的历史过程。失败多于成功，这是科学发现、发明、发展的规律，就像跳高运动员需要经过千百次的失败，才可能越过一个新的高度一样，科学家也要经历无数失败的痛苦，才能摘取成功的花环。

要容忍失败，即使再伟大的成功者，其失败的次数还是要超过成功的次数。不少诺贝尔奖获得者都是经历了许多次失败后才换来了成功。美国硅谷的成功，就是因为它允许失败，而且它对失败的评价跟别的地方不一样。硅谷的风险家，他去投资一个项目，就会问，你失败过没有？如果说失败过，对你的看法就很好，说明你曾经创新过，说明你更成熟，他就愿意投资，尤其是原始创新。

包容需要大气，没有大气，就没有包容，就没有创新。约翰·纳什教授曾患精神病30多年，但在他生病后，普林斯顿大学把他从麻省理工学院请过来，给他办公室，给他温暖。30年后，他恢复了健康，并在1994年获得了诺贝尔奖。这就是普林斯顿大学作为“学术勃发的圣地”的魅力所在！纳什的故事被写成小说《美丽心灵》，感人肺腑，难以言表，后被改编成电影，获得奥斯卡奖。

美国普林斯顿大学数学系主任怀尔斯，作为一位高薪引进的著名教授，从1991年到1997年竟然一篇论文也没有发表。但不鸣则已，一鸣惊人，他用七年时间解决了一个350年来没有人解决的数学难题——费马大定律。他的名字一夜之间传遍了全世界。怀尔斯教授的成功，给了我们两点启示：第一，他坚持不懈，坚定不移，板凳甘做十年冷，文章不写半句空，克服了急功近利的心态。第二，7年时间，怀尔斯没有发表一篇研究文章，没有出过一本学术著作，而普林斯顿大学竟然没扣发他的工资，没有让他下岗。学校的包容为怀尔斯的成功提供了条件。

曾经有人问到剑桥大学怎么会出这么多诺贝尔奖获得者，剑桥大学校长一笑，说，剑桥最近这位获奖者，他的研究领域从来没有人看好，我们等了他14年。诺贝尔化学奖日本获得者田中耕一，在获奖前几乎没有发表什么论文，仅有几篇，也是发表在不很重要的杂志上。他获奖后，日本政府给了他巨额科研经费，期望他再出科研成果。

我国中科院一位院士讲，他拿国家科技进步一等奖花了13年时间，拿国家科技进步三等奖花了9年时间。瑞士钟表驰名世界，是经过百年才形成特色。如果急于求成，只能出小成果，难有大创新。

创新需要勇气。以色列有位著名学者创业成功后曾对位于世界财富100强之内的多家公司进行了战略投资，他说他成功的秘诀是所有的成功都是从失败中来的。在他看来，创新创业的精髓就是勇于失败。勇气是创新的前提，是把创意变成创造的关键。害怕失败，不冒风险，不敢走前人未走之路，不敢做他人未做之事，就永远感受不到创造者的巅峰体验。特别是年轻人的失败并不是人生的失败，而是人生中最为宝贵的阅历和收获。

创新是一种探索性的实践活动，既然是走别人没有走过的路，做前人没有做过的事，这是“摸着石头过河”，因此，前进的道路就不可能平坦，各种风险都会存在，失败就不可避免。成功后的美酒、鲜花、奖金固然重要，但在失败的时候，不打击，不歧视，不另眼看待，对他们持包容态度，给予必要的鼓励、安慰、帮助和扶持会更为重要。这犹如设立了一道心理保护屏障，可以让人不怕失败，使人重拾信心，促人铁心实干。而如果我们不包容失败，不包容错误，就会束缚创新者的手脚，压抑他们的创新热情，人们也就不敢创新，就会失去改革的基础。因此，从某种意义上说，包容失败比奖励成功更重要，对营造包容的学术环境更加有利。

但是在现实生活中，由于受传统观念的影响，许多人虽然在口头上也说“允许失败”，对失败者要正确对待，但骨子里仍然是老一套——只许成功，不许失败。成功了，鲜花、掌声、奖金迎面而来，加官进爵，授予各种政治荣誉，什么都有；而一旦失败，就会成为“历史的罪人”，即使不作出处理，也会搞得其灰头土脸，甚至对其过往的成绩也全盘否定。正是由于这种价值评判系统的严重倾斜，才使人们感到创新的风险太大，因而宁愿庸庸碌碌混日子，“不求有功，但求无过”。

七、包容有个性的人

创新不能靠人海战术，而是靠有个性、有创造力的创新人才。

人才是人不是神，任何人都是优点和缺点、长处和短处的集合体。一个人的优点和缺点往往在一条直线上，优点的延长线就是他的缺点。比如一个勤于学习、善于思考、有独立见解的人往往固执，一个处事果断、勇于负责、很有魄力的人有时失之鲁莽等。人才的与众不同不在于他没有缺点，而在于他具有常人所没有的优点和特长。

对于人才，我们要善于发现他们的长处并使之充分发挥。每个人最大的成长空间在其最强的优势领域，奇迹都是人才在最适合自己的岗位上和最能发挥自己优势的领域中创造出来的。只有让一个人的特长、优势得到充分发挥，才可能使他成为一个卓越的人。

创新人才都具有独特个性，有些是偏才、怪才。统计资料表明，世界上每一万人中会有一个古怪的人，每一万五千人中会有一个彻头彻尾的“怪人”。历史上很多做出划时代贡献的发明家往往是“怪人”。英国《精神病理学研究成果》一书，涉及人类历史上很有影响的各个学科领域300多个人物。经研究发现，天才和精神病恰如一对孪生兄弟，天才中多患有精神病症。政治家中有17%，科学家中有18%，思想家中有26%，作曲家中有31%，画家中有37%，小说家中有46%。他们中不少人是特立独行，我行我素，具有鲜明的独立意识和反叛精神；有的像陈景润，不善言辞，不善交际，甚至不懂人情世故；有的清高，孤傲，不合群；有的甚至给人以狂妄、离经叛道的印象，这个时候特别需要社会有包容的心胸，能容忍这些奇才、怪才。

对于奇才怪才，我们要包容他们的独特个性，尊重“孤独的思考者”，宽容学术上的“狂妄者”。曲阜师范大学曾有一位“最怪的教授”陶愚川先生，与学术界同仁从无联系，甚至跟本校、本系的同事都不来往。但陶愚川先生写的巨著《中国教育史比较研究》一问世，就震动了学术界。对于这样的“怪才”，学校领导很开明，采取了最合适的方法来对待他，在专家楼里破格安排了一位年轻职工做他的邻居，每天去看看他是否需要帮助，使这位孤单老人得以安心治学。

创新人才个性发挥，需要善待个性的环境，多一点兼容并包，少一些求全责备，创新人才就能得到如鱼得水、如帆得风的环境，有锋芒也不会受到打击和否定，而是受到保护和鼓励。

包容是一个人最难的品质，它符合多元文化心理要求，用多元视角评价一个人。

美国前任总统里根在竞选总统的时候，他的竞选班子给他拍了一个专题片。这个专题片表现一个什么情节呢？在美国南卡州一个小镇上，一个12岁小姑娘抬着头和里根对话，小姑娘说：里根先生，我准备投你一票。里根很高兴，大高个马上蹲下来：小姑娘你为什么要投我一票啊？你有什么理由啊？小姑娘说：4年前，你当美国总统的时候，我们这个小镇上能买到的冰糕冰激凌只有三种。你当了四年美国总统后，我们这小镇上能选择的冰糕冰激凌已经达到十四种，所以我要投你一票。大家知道12岁的小姑娘她还不具备选举权，但这个片子确实帮了里根大忙，走到美国哪一个州，就播放此片，竟收到异乎寻常的奇效，这说明什么呢？用什么来判断一个领导人的政绩呢？文化的多元化，多元视角。和谐社会也好，和谐世界也好，对“和谐”这两个字义可以理解一下，和字，一个禾边，一个口，代表人人有饭吃；谐字一个言字边，一个皆，皆言，代表人人有话说。人人有饭吃是经济民主，人人有话说是政治民主，和谐社会把这两个重要目标都包括了。

包容不是无原则纵容。现实生活中有三种人绝对不能包容，不能容忍。第一种人，两面人。这种人喜欢玩办公室政治，他对上级一个版本，对同事一个版本，对部下又是一个版本，这样的人不管多聪明，不能用。所谓“两面人”，通俗说就是两张脸，表面是一副嘴脸，背地里又是一副模样，现实生活中不乏这样的“双面人”，他们的表现行行色色。

“两面人”不是没有意识到自己人格上的冲突，具有“两面人”特征的人甚至很明白自己言行举止的危害，但却明知故犯，执迷不悟。这样的人格分裂充斥着丑恶的目的、肮脏的动机和龌龊的手段。在政治舞台上，“两面人”以虚伪本质的演技，表演着“天使”与“魔鬼”的双重角色。“天使”是假，“魔鬼”是真。对于具有分裂人格的“两面人”而言，“天使”的假脸总有一天会被撕破，“魔鬼”的真脸总有一天会被曝光。

第二种人，负面人。这种人对任何事情都要抱怨，对任何现实东西都不满意，这种人也不能用，因为负面的能量比正面的能量传递得更快。

第三种人，冷面人。对什么都不在意，玩世不恭，没有激情的人，这样的人干什么也打不起精神，最好也不要用。

第15讲

做人要有沟通交流

"沟通"是一个使用频率很高的词，词典上解释为"挖沟使两水相通、相连"，意思就是人与人之间、人与群体之间思想感情传递反馈的过程。通过沟通，人们可以达到思想一致和感情的畅通。

美国一位著名教授指出，面对21世纪的现代社会，除了经济资本外，还必须培植社会资本。所谓社会资本，就是通过沟通交流，通过谈天讨论、辩论而发展出来的，虽然看不见，但明显感觉到的一种重要资源。比如，在任何一所大学，假如系与系、院与院之间，没有任何有关理想价值等文化方面的沟通，这个学校肯定是一个不很活跃的学校。美国的很多大学，之所以在学术上很有发展动力，就是因为有很多讲座、讨论和辩论，有很多横向的沟通。

有位专门研究意大利社会的教授发现，意大利民主化程度不一，有好有坏。但造成这些差异的原因不在于科技水平，而与社会资源状况有关系。凡是男声合唱团多的地方，社会资源也多，反之，则较少。合唱团每周活动两次，除唱歌外，自然会产生许多横向联系，使有不同政治观点、道德观点的人得以沟通。

在印度某地，近二三十年从未发生过任何种族冲突，这在印度是很少有的，原因是他们有一个古老的传统——沟通。不同宗教的领袖每周都要聚在一起，喝茶、谈天，而且鼓励大家参与。这样，即使出现暴力，也容易化解。这就是社会资本在发挥作用。广东省民风比较平和、不争，与广东的“饮茶”习惯积累的社会资本较多不无关系。

良好有效的沟通不仅是人际交往的基本要素，也是加强情感交流、实现人生价值的重要方法。在现实生活中，有三种不同类型的发展可以说明这个观点：

第一，光说不干型。上司给下属布置工作，某人听完后，还没动手干，就给上司讲了一大通“理论”，论证上司布置的工作有缺点，要求上司应该这样，应该那样。上司对此极为不快，影响了这个人的升迁发展。这个人不会沟通。

第二，光干不说型。某人接到任务后，任劳任怨、默默无闻，完成了所有的工作，但做完就做完了，没给领导谈如何创造性地完成任务，也没主动给上司提建议。这个人不善表达，不善沟通。这种类型的人一般顶好发展到副职。

第三，又干又说型。某人等上司交代完工作后，立马表态保证完成任务。完成任务后和上司谈他是如何创造性地完成任务的，并提出很多有创造性的建议。这个人善于沟通，善于协调，一般能得到重用。这种类型的人当中出了很多大人物。

现实中有人能干也能“忽悠”，其实“忽悠”就是沟通。沟通可以带来资源，提高效率，促进和谐，建立良好的人际关系，促进人的发展。

某大学毕业生到国外留学，每月只有400美元的生活费，生活相当困难。他苦干两个月，完成4篇研究报告，导师很器重。他对导师讲，钱太少。导师一是看到他很辛苦，二是找这样的助手不容易，决定每月追加2000美元的生活补贴。这说明，在任何岗位，首先要实干，然后再用合适的方法和别人沟通，体现辛苦工作的价值。

一般人常常视“少说多干”、“光干不说”为美德，对“又干又说”、“光说不干”加以鄙薄，强调一个人立身处世应该讲求奉献、崇尚实干、力戒空谈。最近有位领导干部讲，“要‘又干又说’，‘边干边说’；‘说了要干’，‘干了要说’”。这好像与常规的评判标准有矛盾，但细细咀嚼，确实有其道理。当今时代，如何看待“说”与“干”，需要具体问题具体分析。

“说”与“干”是一对孪生兄弟，密不可分。“说”与“干”的过程必须一致。“多说少干”或者“只说不干”说得再天花乱坠，也会让人有纸上谈兵、哗众取宠、华而不实之感。“多干少说”或“光干不说”，也会让人很难透彻明晓“干”的意义、“干”的功效、“干”的影响。很多时候“又干又说”就是一种真诚沟通，一种有效交流，一种凝聚人心、求同存异的方法。

有个小故事告诉我们，即使是身边的亲人也需要经常交流。

一对渔村的夫妻，少年结发，恩恩爱爱。妻子每天把鱼的中段洗干净，或者红烧，或者清蒸，做得好好的，给先生端上去。她自己就在厨房里面胡乱吃些鱼头、鱼尾。日子就这样日复一日地过去了几十年，儿女都长大成人了。有一天，这个老先生长叹一声，他说：“我这一生没有给你提过什么要求，现在都老了，就想你什么时候能给我做一顿红烧鱼头吃。”他说：“你看我最爱吃的就是鱼头，我也不知道为什么娶了你以后，就再也没见着过鱼头了。”他的妻子一听眼泪就流下来了，她说：“我从做姑娘的时候起，就认为天下最好吃的东西就是鱼肉，就是因为爱你，我这一辈子都把鱼的中段给你一个人做了，吃了一辈子我不爱吃的鱼头，我从来不知道你是爱吃鱼头的。”

当前，我们有些人在处理人际关系时，存在着不会沟通、不善沟通的问题，有了误解，有了矛盾，有了摩擦，不知所措，不知所向，无所适从。有的人反应迟钝，失声沉默；有的人表达不当，解释不清；有的人固执己见，不愿委屈，从而影响了人际关系，影响了团结合作。

没有沟通就没有和谐。沟通是有效化解矛盾，促进和谐，增进团结的一剂“良药”。通过沟通，将内心的真实想法、意见与建议和盘托出，就能知道双方各自暗藏的“底牌”，就能知道双方各自所能承受的“底线”，就能互换角度考虑问题，就能达成互相之间的谅解，就能彼此照顾到对方的切身利益。

“负荆请罪”的故事我们都不陌生，如果蔺相如不与廉颇进行积极主动的沟通，不在沟通中说清楚“革命无贵贱，分工有不同”的真谛，分析透彻将相不和的严重后果，相信蔺、廉二人的矛盾会逐渐激化。同样的道理，面对部分群众的不满心声，针对下属不理解所产生的抵触情绪，只有主动沟通才能畅通言论，化解误会，达成共识，共建和谐。

沟通需要尊重理解。沟通，“沟”是行为，“通”是结果。“沟”的目的是要“通”，“沟”而不“通”则表示“沟”的无效。沟而不通的原因，往往是我们嘴上说要沟通，其实是在指责对方，要求对方。沟通的障碍，在于双方只想对方听自己的，而不愿意听对方的。人与人之间沟通的关键是相互理解、相互信任。同事之间有问题、有矛盾、有隔阂很正常，你的想法也会变来变去，写稿子也会变来变去，说明自己跟自己之间也有矛盾，也有不同。重要的是通过沟通达成共识，通过协商找到平衡点。可能沟通起来有些麻烦，但如果有了矛盾问题，不去交流、沟通，小麻烦会变成大麻烦，更大麻烦还在后面。正确的沟通必须平等相待，相互倾听，学会尊重，换位思考。你要想得到别人的尊重，就必须首先尊重别人，真正自尊的实现是以尊重他人为前提的。在沟通中，不仅需要摆事实，讲道理，更要有真情。

沟通强调身份的对等、姿态的相近、语言的平和、态度的友好。很多时候沟通的双方在身份与地位上的不同，容易成为沟通的障碍。在这种时候，位高强势的一方，尤其要做到平易近人，拿出甘当“小学生”的恭敬态度，让对方感受到被尊重、被理解、被信任。在做群众工作时，如果依然时刻不忘自己的“官”身份，依然要端官架子，依然说着霸气十足的官话，有意将自己与普通群众区别开来，也就难免沟通不和谐、沟通无结果、沟通无效果了。

沟通需要真情实感。学会沟通，善于沟通，还需要真情。古人云，“感人心者，莫乎于情”。有效的沟通既是信息的交流，也是情感的共鸣。

用人单位反映，有些参加面试的应聘者，看起来侃侃而谈，夺人眼球，但都让人难以捉摸到内心。表面很开朗自信，话题非常有限，他们只挑出了自认为可透露的内容与人交流，缺乏与他人沟通和交流最起码的真诚。

当代社会，无论教育手段多么先进，都不能否定面对面的思想沟通；无论现代传媒多么发达，都不能代替人与人之间感情的交流；无论各项制度多么完善，都不能否定人文关怀、道德情感。人文关怀、道德情感是一种巨大的感召力量和博大的精神力量，它会让人感动、感受、行动。情感支配思考方向，理性决定思考结果。只有发自内心的真情实感，才能做到以情感人，打动人心，以理服人。

很多事实表明：彼此有感情，一句话能顶十句用，甚至一个暗示、一个眼神都能把事情办成；彼此没有感情，十句也不顶一句用。对不想听的人讲，你说得再多也不管用。一部管理机器，如果没有感情的“润滑剂”，运转起来将是十分艰难的。因此，我们要重视沟通交流，改善人际关系，深入细致做人的思想工作。人是有感情的动物，思想统一了，步调才能一致；感情融通了，积极性才能调动起来。

沟通需要锻炼口才。口才乃人生的必修课，人人需要，行行需要。它关系到你的事业、命运、前途。有位哲人曾讲过：“当今世界有四宝：口才、时间、金钱和电脑。”“口才”被放在了第一位。领导干部虽然有年龄、职业和文化层次的不同，但有一点是共同需要的，就是“口才”。

有一个很生动的事例，说明了“口才”的重要性。

一位新当选的市长，召开第一次新闻发布会。刚宣布开会，一位记者就发问：“市长同志，你的父亲是一位高官，你这次之所以当上了市长，是不是沾了你老子的光呢？”顿时，会场气氛紧张起来。所有人的眼睛、镜头都对准了这位新市长，看他如何回答。这时，新市长微微一笑说：“我非常欣赏这位记者的直率，而且这个问题也许不只是他一个人想问的问题。我很愿意回答。是的，我确实大大地‘沾’了我老子的光，而且，终身受益。在我认识社会和人生的中学时代，因为家庭牵连，我被关进了监狱。五年的监狱生活，使我经受了磨难，锻炼了意志，学会了思考，懂得了公正、民主和法制对一个社会是多么重要！温饱、自由和尊严对一个人是多么重要！这样的命运，并非人人都能遇到。如果没有那个倒霉的老子，我也得不到这份‘礼物’。这岂不是‘沾’了大光了吗？（热烈的掌声）看来大家非常理解，非常赞赏。至于个人政绩，我不便评价，这是我和我市人民之间的事。但有一个事实，我要在这里提醒，我是由大家（人民）推选出来的代表，选出来的市长，而人民，不会视他们的权力为儿戏。”

这番回答，得到了在场所有人的掌声与尊重，这就叫“口才”。

沟通交流到一定程度，很多人都建立了自己的朋友圈。有什么样的朋友圈，就有什么样的未来，大量案例表明，好多人都是在交往中、吃饭中，接受土特产中，建立了朋友关系，又碍于情面滑进深渊。所以，不能乱交朋友，交朋友一定要讲原则，碰到原则上的问题丝毫不能让步。

朋友是人生中最宝贵的财富。人的一生总有不测风云，旦夕祸福。当你生活窘迫时，能够慷慨解囊、雪中送炭的必是朋友；当你精神烦恼时，为你排解忧愁，带来心灵安慰的也必是朋友。

什么是朋友？汉儒郑玄在《周礼》的注解中说：“同师日朋，同志日友。”这说明，在我国古代，“朋友”的定义是指同门之谊或志同道合者，同学、同志统称为朋友。

今天的朋友，在概念上已经越来越宽泛，只要在一起多相处了一会儿、多说了几句、多喝了几杯，都可以在一夜之间、一顿饭之后称呼为朋友。同窗叫学友，同宿舍叫室友，同旅游叫驴友，同出国叫国友，同坐监牢叫狱友。

当利益之交戴上“朋友”的冠冕之后，“朋友”便逐渐失去了它应有的尊严。释迦牟尼曾说，朋友有四品：一如花，好时插头，萎时捐弃，见富贵附，贫贱则弃。二是如秤，物重头低，物轻则仰，有与则敬，无与则慢。三如山，贵能荣人，富乐同欢，登高望远，送翠成荫。四如地，百谷财宝，一切仰之，一粒种百粒收，施给养护，恩厚不薄。释迦牟尼说的花友、秤友，均是利益之交；山友、地友，才是君子之交。

孔子是一位非常讲情义、重朋友的人。他把远方朋友的来访看做人生最快乐的事情。对于如何选择朋友，孔子提出了“益者三友，损者三友”的忠告。他认为，应当结交三种对人生有益的朋友，即“友直，友谅，友多闻”，用今天的话讲，就是结交诚实正直的人，心胸宽广的人，见识广博的人。另外三种人对人生有害，是不能结交的，即“友便辟，友善柔，友便佞”，用今天的话讲，就是不能结交溜须拍马的人，耍两面派的人，以及花言巧语只会耍嘴皮子的人。

交朋友要选择与正确的人在一起。跟着好人学好人，跟着神婆跳大神。和自己喜欢的人在一起，你的委屈会被排解，懦弱会被消除，信心和勇气会得到提升。朋友是一生最大的财富，他们是你创业的团队，是你心灵的知音，可以融化你的委屈，可以在你哭泣的时候，给你抚慰和力量。

人生中有四种朋友不可缺少：

第一类朋友是聪明的朋友。交朋友一定要交比自己更聪明、更高尚的人。你是谁并不重要，重要的是你和谁在一起。和聪明人在一起，你就变得聪明；和优秀的人在一起，你就变得优秀。人生成功的秘诀，就是学最好的人，做最好的自己。

第二类朋友是患难朋友。官场上势力为重，商海中人情淡薄，所谓朋友多是逢场作戏。当你顺风顺水，不需要朋友时，或许身边有很多朋友；当你逆风逆水，真正需要朋友时，或许原来所谓的朋友都不见踪影了。真正的朋友，不是在你成功时为你锦上添花的人，而是在你落难时为你雪中送炭的人；不是在你得意时有请必到的人，而是在你失意时不请自来的人。

第三类朋友是忘年交朋友。与不一样的人在一起，你会有不一样的人生。年轻人最好结识几位年长朋友，而年长者最好多和年轻人接触。年轻人思想解放，年长者思想成熟；年轻人敢想敢干，年长者处世稳健；年轻人追求新知，年长者富有智慧；年轻人憧憬未来，年长者熟悉历史。彼此之间有很强的互补性，如果二者结成忘年之交，对双方大有好处。

第四类朋友是随叫随到的朋友。“亲戚越走越亲，朋友越交越近。”朋友只有在不断交往互动中才能实现朋友的价值。如果能有几个随叫随到的朋友，大家情趣相投，各抒己见，无拘无束，亲密无间，无疑会给人生增加无限的乐趣。

沟通交流，多交朋友，需要我们心胸开阔，包容大度，尽可能打开自己。在工作生活中多结交朋友，共同发展，共同成长，从而成为生命中最重要的知己。通过与来自不同背景的人交往、交流、沟通，可以学到很多东西，明白很多道理，懂得尊重与包容，合作与奉献，这些人际交往技能在工作学习实践中甚至将超过专业技能的重要。

生活经验告诉我们，没有朋友的人不是小人就是怪人；经常换朋友的人大都不是什么好人。要想有朋友，首先自己必须够朋友。要想交到好朋友，首先自己要成为一个好的朋友。

第16讲

做人要有感恩之心

“感恩”一词出自晋代文豪潘岳的《关中》诗：“观遂虎奋，感恩输力。”亦取“感戴恩德”之意。《现代汉语词典》把“感恩”解释为“对别人所给的恩惠表示感激”。

感恩是中华民族的传统美德，感恩意识已成为中国传统的价值信念和基本文化立场，是每个人都应该有的基本道德准则，是做人的起码修养。

感恩是做人的基本准则，是人与人之间的和谐因子。感恩是发自心底的感激，而不是为了迎合他人而表现的虚情假意。每个人都离不开他人的关心，不懂得关心他人的人，往往也难于被他人所接受。以感恩之心回报他人，回报社会，是人格提升的起点，也是幸福人生的起点。

感恩是一种基本的人性。我们来到这个世界，获得了太多别人的关心帮助，否则我们不可能生活到今天。所有这一切都是国家给的，父母给的，我们要感谢父母的养育之恩，感谢国家的培养之恩。有感恩之心，看事物才会光明，人生才会幸福。

人来到这个世界上，要懂得的第一件事就是感恩。人来到这个世界上，从第一天起，就需要别人的爱护、关怀、教育和帮助，所以要学会感恩。感恩是一种处世哲学，也是一种高尚情怀，是做人与生活的智慧，是心灵的呼唤，是生命的诠释，是一个人不可磨灭的良知，是人类美好人格的表现。一个人若连感恩都不知晓，必然只会有一颗冷酷的心。

现在越来越多的年轻人抱怨关心老人太难，网上有这样一段话：30岁的男人，世界大着呢，孩子小着呢，事情多着呢，俺正忙着呢。年轻人生活压力很大，需要应酬，需要拼搏，往往不愿多花时间陪老人。

有人讲，一个人最大的不幸，不是得不到别人的“恩惠”，而是得到了却漠然视之。现在网上流传着最让父母伤心的几句话：“好了，好了，我知道了，别啰嗦了”，“说了你也不懂，别问了”，“有事吗？没事我挂电话了”，“我有分寸，别说了，烦不烦”。不养儿不知父母恩，这样对待父母他们是会很伤心的。

马克思说过：“一个人活着不只是在为自己而活着，因为由于一些千丝万缕的情愫，使得人在某种程度上乐意为别人而活着。”作为社会群体中的一份子，每个人都不可能仅仅依靠自己的力量去生活。为此，对他人所给予的帮助和外界提供的方便心存感恩，并以实际行动来给予回报，是作为一个人格完整、心灵健康的社会人应有的心态。

感恩是一种心态，一种品质，一种人格艺术。感恩父母，给予我们生命；感谢老师，给予我们知识；感谢朋友，给予我们温暖；感谢太阳，给予我们光明；感谢大地，给予我们生存空间；感谢社会，给予我们发展平台。感恩是人生永恒的话题。学会感恩，我们将会感受更多的快乐。

过去，很多老百姓家中都供奉着一个牌位叫“天地君亲师之位”。逢年过节，都要顶礼膜拜，磕头、烧香，表示感谢。首先，感谢天，因为天就是天神，是最高的意志，宇宙中的主宰力量；第二感谢地，地是万物之母，无私地孕育人类万物，所以应该谢地；第三感谢君，君是国家之社稷，人应感谢国家，感谢社会；第四感谢亲，亲是祖宗、父母，应该感谢长辈、亲人；第五感谢师，师是老师，是你人生中智慧的传授者和启蒙者。结婚时也有三大礼：一拜天地，感谢天地赐予这种婚姻缘份；二拜高堂，感谢父母；夫妻对拜，互相要尊重。这些都体现了我们中国传统文化中的感恩思想。

感恩首先要知恩。汶川地震从废墟中用担架抬出了一个三岁的敬礼娃娃，他躺在担架上举起右手的时候，让我们想起了什么？这个生命是有尊严的，有尊严的生命是懂得感恩的，对别人的善义善举，他做出了这样一种反应。

有位美国医生讲过这样一个故事。他刚成为医生时，碰到一位身患白血病的小朋友，他对妈妈说：“妈妈，谢谢你送我到人世来，非常遗憾，我不能得到你的继续关爱，更无法让你开心，我走后你要好好生活。”这位医生被震撼了。他感到一生要做的就是努力，努力，再努力，拯救更多生命。30多年后，他成为世界著名的儿童白血病专家。

一位大学生到一家著名大公司应聘，顺利通过笔试、面试，最后一关是总经理面试。总经理问，你的学费怎么来的？学生回答，是我妈妈靠给别人洗衣服挣钱供我上学。总经理让学生伸出手，这双手纤细、白嫩。总经理继续问，你以前有没有帮助妈妈洗衣服，学生如实回答，没有。

总经理说："我有个小要求，你今天回家后，请帮妈妈洗洗手，明天上午再来见我。"这个学生一回家，就要给妈妈洗手。这个学生看着母亲的手，眼泪一下子流了下来，这是他第一次仔细观察母亲的手，非常粗糙，都是老茧，还有很多裂口。

他想，正是这双手，换来他十几年的学费。这个学生悄悄把母亲没有洗完的衣服洗了。晚上，母子俩聊了很长时间。第二天，他来到公司，对总经理讲述了自己深深的愧疚，并说出了体会最深的两个字——感恩。

有一首聋哑人的手语歌叫《感恩的心》：感恩的心，感谢有你，伴我一生，让我有勇气做我自己；感恩的心，感谢命运，花开花落，我一样会珍惜。这首手语歌有个动人的背景故事。

有个聋哑小女孩，爸爸在她很小的时候去世了。她和妈妈相依为命，妈妈出去工作早出晚归，妈妈每天都要带一块年糕回家，这是小女孩最快乐的时刻。

有一天下很大的雨，天很晚了，妈妈没有回来，小女孩决定去找妈妈，走了很远，终于在路边看见倒在地上的妈妈，她发现妈妈的眼睛没有闭上，小女孩突然明白，妈妈可能死了。她感到十分恐惧，拉过妈妈的手，却发现妈妈手里正紧紧握着一块年糕，小女孩拼命地哭着，却发不出一点声音。

雨一直在下，小女孩不知哭了多久，她知道妈妈再也不会醒来。她擦干眼泪，决定用自己的语言来告诉妈妈，她一定会好好活着，让妈妈放心地走。小女孩就在雨中一遍遍用手语做着《感恩的心》，泪水和雨水混在一起。就这样，小女孩站在雨中，不停地做着，一直到妈妈那双眼睛闭上。

我国南方某大学有位女大学生，以她的亲身经历，撰写了一篇感人至深、催人泪下的文章，充分表达了对父母的感恩之情，题目是《流在我心里的父亲的泪》。

文章说，父亲一向很疼爱我，但是那一年他却因为一件事情打了我一棍子。那时我8岁，读小学一年级，要缴10元钱学费，我家一拖再拖。终于老师来催了。我很不安地向父亲要钱，父亲淡淡地说："现在家里没有，再过几天吧！"我忐忑不安地回到了学校。老师又催了。我很害怕，但父亲仍说没有，我不信，于是说："你不给我钱，我就不去上学！"这句近乎撒娇的话却让父亲勃然大怒，他很凶地抓起棍子向我砸来，我的小腿上狠狠地挨了一棍子！这棍子打醒了我的童年：原来我家这么穷！原来父亲已经默默忍受了这么多！棍子打在我腿上，更打在我心上，让我明白我的父亲是如此刚强，他承受了多少艰辛才让我走进学堂。

我高考落榜了。那天晚上，一家人正沉闷着看电视，我根本不敢看父亲，木然地坐在前面，大伯父进来打破沉寂，问父亲打算怎么办。父亲说："再读一年吧！她可以上很好的大学，我们再苦一年，小妹最苦了，人都瘦了一圈了。"我不知道自己为什么突然回头去看父亲。可是那一回头却让我震惊：父亲在流泪！他哭了！豆大的泪珠从父亲布满血丝的眼眶里流出。父亲也似乎极力控制着、压抑着，可泪珠还是一颗接一颗地流。那一刻，我心如刀绞，决堤的泪水盖住了眼前的一切。

复读班的生活是难以想象的煎熬，但最终我考上了名牌大学。

收到录取通知书后，按照乡俗，要办升学宴，我家虽清贫，但父亲还是决定简单地办酒席。那天院子里挤满了人。我很开心，在我心里珍藏着一个心愿，我很想跪拜给父母敬酒，感谢他们为我付出的一切。这一刻终于到来了，我端起碗，郑重地跪在二老的面前，恳求他们喝酒。父亲被我的举动感动了，手一直在抖。我给父母磕了三个头，发现父亲的泪正一颗颗滴在碗里，他把这和着泪的酒喝掉了。一颗颗热泪不仅落在了碗里，更落在了我的心里。这一刻，我想大声地向世界宣告，我是世界上最幸运的女儿！

这就是感恩的心，有了感恩的心，你就不会埋怨，不会沉沦，就会理解他人的付出，社会的期待，就不会做违背良心和道德的事情，就不会对不起父母，对不起国家和社会。

中国传统道德核心是孝，孝就是感恩。父母给了我们生命，我们必须感恩。懂得感恩，你的生活将充满阳光。赚了钱，常常寄点钱回去补贴父母，即便他们说有钱；有条件的时候，把父母接过去享享清福，即便他们说不习惯；亲自做一点他们想吃的饭菜，即便他们说不用你做；要常常给父母量量血压，看看是否骨质疏松，即便他们说感觉还好。感恩和报答是一辈子的做人之道。

因此，只有关爱家庭关爱父母，才能做到报答社会报效祖国，我们要体会父母对自己的深情厚义。有句话说得很好，一个家庭，父亲是顶梁柱，母亲是挡风墙，孩子是窗户，窗户的背后是什么？一个家庭的希望。当父母的，再穷，也砸锅卖铁，来供自己的孩子上大学，父母知道书读得越多越好，人生的机会就越多。

感恩父母的前提是要体验父母对自己的深情。著名作家贾平凹在自己女儿的婚礼上有一段即兴讲话：

我二十七岁有了女儿，多少个艰辛、忙乱的日子里，总盼望着孩子长大，她就是长不大，突然间她长大了，有了漂亮，有了健康，有了知识，今天又做了幸福的新娘。我的前半生，写下了一百多部作品，而让我最温暖最牵肠挂肚和最有压力的作品就是女儿，她诞生于爱，成长于爱，是我的小淘气，是我的小棉袄，也是我的朋友。我没有男孩，一直把她当男孩看，贾氏家族也一直把她当做希望之花。我是从困苦中一步步走来的，我发誓不让我的孩子像我父亲那样贫穷坎坷。我要求她自强不息，又必须善良宽容，女儿无疑是做到了这一点，当年我的父亲为我而欣慰过，今天，女儿也让我有了做父亲的欣慰，因此，我祝福我的孩子，也感谢我的孩子。

女大当嫁，这几年里，随着孩子的年龄增长，我和她的母亲对孩子越发感情复杂，一方面知道她将要离开我们，一方面是担心迎接她的又是怎样的一个未来？我们祈祷着她能受到爱神的光顾，觅寻到她的意中人，我们把她交给了一个优秀的俊朗的贾少龙！我们两家大人都是从乡下来到城里，虽然一个原籍在陕北，一个原籍在陕南，偏偏都姓贾，这就是神的旨意，是天定的良缘。两个孩子生活在富裕的年代，但他们没有染上浮华习气，成长于社会转型时期，他们依然纯真清明，他们是阳光的、进步的青年，他们的结合，以后的日子会快乐、灿烂！

在这庄严的婚礼上，作为父母，我们向两个孩子说三句话。

第一句话，做对国家有用的人，做对家庭有责任心的人。好好读书能受用一生，认真工作就一辈子有饭吃。第二句话，做普通人，干正经事，可以爱小零钱，但必须有大胸怀。第三句话，在往后的岁月里，要创造、培养、磨合、建设、维护、完善你们自己的婚姻。

我们要拥有一颗知恩的心。孙悦的《感谢你》唱得好："感谢明月照亮了夜空，感谢朝霞捧出了黎明，感谢春光融化了冰雪，感谢大地哺育了生命，感谢母亲赐予我生命，感谢生活增进了友谊爱情，感谢苍穹藏理想幻梦，感谢时光常留永恒公正，感谢这一切一切的所有。"这个世界上有太多的事情和理由值得我们感恩，父母的养育、师长的教诲、亲人的关爱、朋友的帮助、他人的服务、大自然的慷慨赐予等。有人说，一个人最大的不幸，不是得不到别人的"恩"，而是得到了却漠然视之。

知恩要图报。"滴水之恩，当涌泉相报"，"投之以桃，报之以李"，"谁言寸草心，报得三春晖"。对于别人的帮助，应当铭记于心，并以诚意和行动给予回报。詹姆斯说："人性最深的期盼就是受人感激。"向别人表达谢意是尊敬与礼貌的最高表现方法。知恩是人格完善过程中的重要一步，而图报则是又一次升华。只有懂得了知恩图报，才能自觉树立施恩以回报社会的观念。

拥有一颗感恩的心，让我们懂得去孝敬父母；拥有一颗感恩的心，让我们懂得去尊敬师长；拥有一颗感恩的心，让我们去关心他人，帮助他人。拥有一颗感恩的心，让我们学会包容，赢得真爱，赢得友谊。

感恩是一个人的优秀品质，我们每个人首先要感谢父母的养育之恩，要感谢亲朋好友的帮扶之情，要感谢老师的培育之心。有感恩之心，看一切事物才会光明，做一切事情才会幸福。

生活在现实世界的人，还要给世界一点感恩。一位残疾人，从小失去双手，但他靠一双脚练书法，成为著名书法家。采访他，他说，我感恩有一双灵活的脚，我失去的不多，却得到很多。一个人来到这个世界上就是亿万分之一的幸运儿。我们常常失去一些东西，但我们拥有这个世界：暖暖的阳光，奔腾的河流。感恩这些平凡，才会从平凡中体会幸福。

第17讲

做人要有良心良知

在乡村，很多百姓或许听不懂各种文明守则，做事情也说不清那些个道道，但做人行事都有自己的“法则”。这体现在他们的言行中，常见的就是：做任何事前都要先摸摸自己的良心。

河北保定有位“良心油条哥”刘洪安，多年来他拒绝使用反复炸油，天天使用新油。他说：“咱做的是买卖，顾客花钱买的是安全、营养和健康。人不能昧着良心，图眼前小利。如果让顾客吃出毛病来，那咱和图财害命还有什么区别？”

孟子讲：“无恻隐之心，非人也；无羞恶之心，非人也；无辞让之心，非人也；无是非之心，非人也。”生而为人，当有最基本的良心，恪守最基本的良知，否则就会突破做人的底线。做事先做人，做人讲良心，是我们民族最基本的道德准则。我们常讲做人行事，要仰无愧于天，俯不怍于地，其实质就是要无愧于良心。

然而不能不看到，社会转型期，一些人道德观念沦丧，甚至连做人的最基本良知都出现问题。有的人明知食品有毒有害，自己决不吃，却心安理得地生产卖给他人。有的人造假贩假，只要能得巨利，便乐此不疲。有的人坑蒙拐骗，专找弱者下手。有的人则见利忘义，漠视法纪和道德，干出种种违法乱纪的勾当。凡此种种，有的固然与监管不力、制度有漏洞等相关，但其病之初，莫不源于良心的失守。

在市场经济发展过程中，道德的地位和功能正在发生变化。从一些人"良心多少钱一斤"的发问到物质主义、拜金主义、享乐主义的流行，说明道德对社会的规范和价值引导作用越来越小，整合力越来越弱，这已成为人们普遍感知的道德困境。

国务院前总理朱镕基曾讲过一段他自己的经历。他1958年被错划为"右派"，从此失去党籍达20年。尽管受到巨大冲击，遭受不公正待遇，但他并没有因此而有任何抱怨，更没有放弃过自己的理想信念，从未做过一件对不起良心的事情。他主张为学先为人，为人要正，正大光明，正直清廉，正己然后正人。我国最早一批取得卓越成就的企业家有一个共识：在这个世界上，每个企业都难免会有起起伏伏，任何组织也都有高峰低谷，而能够长期生存下去的企业和组织，一定都有超越商业利益的社会追求，都会恪守企业的良心良知。企业如此，做人也是如此。

古人讲：天地良心。道德的尺度和力量，都在我们的内心。一个人只有对良心有信仰，对道德有敬畏，才不会逾越做人的底线。要让高尚和美德流行于我们的社会，就需要唤醒每个人的良心，这是当代教育最重要的使命。

良知，是指被现实社会普遍认可，并被自己认同的行为规范和价值标准。良知就像是被上帝安装在人心深处的精密天平。凡做过的事情，无不被一一测试和记录。不该做的，即使无人知晓，也将以良知不安而悔恨终生。雨果说得好，"无论哪个法官都不会比一个人的良心更了解自己”。

据说，印第安的一个部落至今还保留着一种习俗，大凡有事外出，没走几步总要喊一喊自己的名字，以防灵魂跟不上脚步。郭明义，一个平凡的工人，始终恪守平凡的良心，曾义务捐助了一百八十个孩子上学。他说：“做好事，吃得香，睡得好。”托尔斯泰写过一本书，叫《天堂就在你心中》，大意是说，当一个人不按照良心做事，他一定会痛苦地活在地狱里。这正应和了哲学家康德的一句话：“天上有星辰灿烂，内心有良心照耀。”

有一个故事，讲在美国有一个不知名的小镇，曾孤独地生活着一位老人。他以前是这个镇的邮递员，天天骑着自行车给人送信。刚开始工作时，他不过弱冠之年，青春萌动。每每给人送信，总会看到一位美丽的姑娘在楼下焦急等待信函。出于一种好奇，鬼使神差地他破天荒第一次拆看了他人的信件，并从中发现姑娘正与在中缅边界服役的小伙子热恋。也许因为爱慕，也许缘于嫉妒，从此一发而不可收，一次又一次扣压拆看信件，最终毁了一段美好的姻缘，并致姑娘抑郁成疾而死。正因如此，他难逃良知的惩罚，孤独终老，忏悔一生。

其实，人非圣贤，孰能无过。然而有错不怕，只要知错能改，内心尚存良知，就如雨果所言，“良知的觉醒就是灵魂的伟大”。

然而，当下社会几多浮躁，一些人被所谓的成功之说迷惑，忠义、孝悌、诚信等已经被追名逐利的心遮蔽得几近模糊，良知被一点点侵蚀，最终将生命引向歧途。

卢梭说，“良知是灵魂的声音”。良知缺失，灵魂焉附？日本侵华战争给中国人民带来了深重的灾难，但日本当今一些要员就是昧着良心说话，歪曲历史事实，还在为自己的犯罪行为找借口。而一位叫尾山宏的七十多岁老人，却承受着巨大的压力，用半生时间追问日本侵华罪行。也许这正是良知的力量。

说到底，人性中最根本的东西是良知，它连同人的血液一起始终流淌在骨子里，丢失了它，也就丢失了人性的根本。

人生良知，就是与人为善，以邻为友，知耻明礼，洞察是非。为人处世，接人待物，应当心地善良。

心地善良，首先要养心。就像播种前的土地整理一样，只有把土地整好了、养肥了，才能让种子顺利地生根发芽，开花结果。明代学者王守仁说："种树者必培其根，种德者必养其心。"养心就是努力使自己的精神境界宽广、厚重、平和。《易经》有言："地势坤，君子以厚德载物。"一个人的精神境界真能像大地一样宽广厚重，就可以做到"不以物喜，不以己悲"，纷繁嘈杂的事物表象就难以搅动他内心的宁静了。

其次，是向善。既然我们的心灵像田地，那就得适时播下善的种子。善的外延非常丰富，人世间的一切美好的东西皆为善。其内涵可归结为崇高的理想信念、高尚的道德情操、正确的世界观、理性的行为、坚强的意志。用孟子的话说就是"四端"之心，"仁之端"的恻隐之心，"义之端"的羞恶之心，"礼之端"的辞让之心，"智之端"的是非之心。俗话说："栽什么树苗结什么果，撒什么种子开什么花。"有善心才能有善果。

第三，要寡欲，知止知足，去甚，去奢，去泰，节制过度的耳目口腹之欲。老子认为，绚丽的色彩会让人眼花缭乱，嘈杂的音乐会让人耳朵失聪，过多的佳肴会让人胃口败坏，过度的游猎会让人心神狂荡，过分追求奇珍异宝会让人操行失控。所以，必须节制过度的欲望才能去祸免咎，保持身心健康，长久平安。

同时，还要注意监测和调节欲望。正常的、合理的欲望是推动人类社会进步的原动力，但是，放纵欲望，膨胀自我是一切罪恶和不幸的根源。德国哲学家叔本华说过："人是受欲望支配的，当欲望没有满足的时候你是痛苦的，当欲望满足以后你又会感到无聊。人生就像钟摆一样，在无聊和痛苦中左右摇摆，所有都幸福是不可能的。"叔本华这番话固然有消极成分，但也一针见血地指出了人的弱点。

第四，要善待他人。作为一个受人尊敬的人，应当是有声有色工作，有滋有味生活，有情有义交往。工作场合，上下有序，没有规矩不成方圆；八小时以外，生活圈子要多一点亲切随和，多一点轻松幽默，多一点人情世故。尤其要善待年轻人，善待犯错误的人。

善为人者处天下。甘为人下，低调行事。柔静中蕴藏刚强，谦虚中包含伟大，不争中积蓄力量。在商业经营中，把顾客称为上帝；在领导工作中，领导干部自称"人民公仆"、"人民勤务员"，这些都包含着一种善为人下的精神。做人应当始终为人谦和，处事低调，少出风头，不要张狂，这样才能处理好上下左右的关系。

第五，要助人。助人为乐是一种品质，一种美德，一种境界。把竭尽所能地帮助别人作为人生追求的一种快乐，而不是作为负担，这就是助人为乐。不要小看对一个失意的人说一句温暖的话，对一个即将倒下的人轻轻扶一把，对一个无望的人赋予一种真挚的信任，也许帮助别人自己并没有失去什么，但对于一个需要帮助的人来说，就是支持和宽慰，甚至是一股强大的动力。

愿意帮助他人的人会收获更多的幸福。一般认为，人们会因为我们帮助了他们而喜欢我们，心理学研究发现，人们会更喜欢自己帮助过的人。通过帮助别人，我们能够获得持久的意义和快乐。其实，帮助别人就是帮助自己，周围人都能成功才是最大成功。帮助别人成功，帮助别人幸福，你才能走上幸福之路。

心地善良，还要对人宽容、宽松、宽厚，尊重人，理解人，关心人。当见到别人取得成绩和进步时应当高兴；当发现别人缺点时应当以诚相待，帮助纠正；当发现同事遇到困难时，应当伸出援助之手，予以关照。人人都有优点，大家要相互学习；人人都有缺点，大家要互相提醒；人人都有个性，大家要互相包容；人人都有难处，大家要互相帮助。

如果一个人只想自己成功而从不想别人成功，甚至把自己的成功建立在别人不成功之上，以别人不成功为代价来换取自己成功，那是永远得不到幸福的。善有善报，恶有恶报，这不是宗教迷信，而是合乎逻辑的结果，你愿意帮助别人，别人也会愿意帮助你。

就是说，当每个人的内心都抱着一种善良愿望的时候，很多这种善良的举手之劳会让我们之间变得更温暖和谐。

第18讲

做人要有平和心态

心态是人的一种情绪状态，心态既受到客观社会状况的影响，也受到一定价值意识的支配。积极的或消极的心态会使人产生不同的言行。高尚健康的价值意识对形成积极的心态具有引领和指导作用。

心态不但决定学习状态、工作状态，也决定人生命运，社会发展。现代社会竞争加剧，人们心理矛盾增多，心理承受能力脆弱，出现了许多新情况、新问题、新矛盾、怪现象。比如，路越修越宽，人的心却越来越窄；楼房越盖越高，人的眼界却越来越低；精美的房子越来越多，完整的家庭却越来越少。究竟哪里出了问题？人的心态出了问题。心态不正，就会心理扭曲，行为失控，出现怨恨、讽刺、嫉妒、仇恨、沮丧、痛苦等消极情绪；心态摆正，用平常心做平常事，才能荣辱不惊，处变不乱。

一、心理问题

（一）社会心态存在问题

1. 社会转型时期热点、焦点问题，给社会心态带来严重冲击。

官员腐败问题引发民众不满情绪，损害党群和干群关系；贫富差距逐渐拉大，部分群体产生被剥夺感、挫败感；社会不同阶层固化趋势加速，普遍有不公平感和不公正感；群众因住房难、就医难、上学难、养老难等问题，导致越级上访、赴京上访等，人民内部矛盾突显；求职难、就业难，焦虑、不安、无助情绪较为普遍；理想信念黯淡，道德价值观扭曲，出现高度物化现象，人们潜意识中认为“有房有车”才算成功，否则就是失败。

2. 个人谋求发展的内生动力不足，制约了干部群众积极向上的社会心态。基层干部队伍存在焦虑、心理戒备、工作倦怠、情感抑郁等心理问题，自身努力谋求发展动力不足。一些人“等、靠、要”思想严重，存在依靠政府致富的思想。有的青年人向往成功却渴望走捷径，缺乏个人奋斗意识，抱怨政府不安排工作。

3. 公民意识淡薄，影响社会群体心态客观、公正、理性、平和发展。一部分人群缺乏公民意识，政策理论认知水平偏低，对政策参与和理解多从自身利益出发，只关心政策能否给自己带来实惠。

4. 各种社会思潮和信息交织动荡，给营造积极向上的社会心态带来挑战。“三股势力”通过各种途径传播分裂思想，制造暴力恐怖事件，搞乱思想，蛊惑人心。西方敌对势力对我国西化、分化图谋不断加剧，以民族和宗教作为突破口，进行渗透和破坏活动，给社会群体心态造成很大的干扰破坏。

随着社会转型、竞争激烈和西方文化的冲击，普通群众也产生了越来越多的心理问题。

（二）焦虑心理

焦虑心理，包括对社会环境变动的焦虑，对个人收入的焦虑，对社会安全和生活保障的焦虑。如果我们细心观察，就会发现一种现象：生活富裕了，口袋里的钱多了，大家一边思富思安思稳思和，一边却为很多事犯愁。很多人因工作、生活、前程、财富表现出一种不安、紧张浮躁、心态失衡的现象。企业家担心政策变化；工薪族想多挣钱，怕丢饭碗；农民担心“菜贱伤农”，“谷贱伤农”；学生担心考不上大学，找不到好工作；老百姓怕物价涨；老人担心医疗、养老；甚至官员们也为说不准哪句话讲不好就丢了官帽揪心……这种人们普遍感觉紧张不安的现象，就叫做“社会焦虑”。

“在家待不了一个月我就坐不住了，害怕听到父母说‘某某到哪里工作了’这样的话。”22岁的大学毕业生晓峰没考上研究生，也没找到合适的工作，眼看着越来越多的同学找到工作，他非常着急，到处打听有没有合适的单位招聘，晚上要么失眠要么做噩梦，担心自己找不到工作怎么办，总不能让父母养一辈子。“现在我的心只能用‘焦虑’来形容。”

对于普通人来说，越来越多的人有焦虑心态，甚至不少人把“我抑郁了”当成口头禅。而在2012年国际田联钻石联赛伦敦站男子110米栏比赛中，刘翔虽然因伤选择退赛，却引起了人们对奥运选手夺金压力过大引发焦虑的广泛讨论，一时间“奥运选手焦虑情绪”成为网络搜索热词。焦虑似乎成了现代人生活中不可避免的灰色心境。

2010年山东省流行病学调查显示，全省18岁以上人口中，有焦虑障碍的约占5.5%，其中男性比例约为4%，女性比例约为7%；在地区分布方面，4.9%的农村人口和7.2%的城市人口有不同程度的焦虑障碍。总体上呈现女性多于男性，城市多于农村的特点。

很多原因都会诱发焦虑情绪，大致上可以分为广泛性焦虑和情境性焦虑。广泛性焦虑指的是一种焦虑状态，没有明显对象和原因；情境性焦虑则为特定情境下的焦虑，比如社交恐惧、创伤后焦虑、恐高症、家庭不安全感等等。

专家认为，偶尔的焦虑是人生的常态，不可避免，适当的自我调节就能缓解，不用太担心。但长期处于焦虑、紧张的状态，得不到缓解，则成为焦虑障碍，会影响生活质量，导致工作、学习效率下降，引发继发疾病，合并抑郁时会出现自杀倾向，尽早接受心理治疗可以预防这些问题的发生。

转型时期人们的焦虑情绪往往表现为对未来乃至当下生存发展的隐忧，这种隐忧实际上是因为生活中的“不确定性”因素过多，造成心理和精神上的压力过大所致。

焦虑弥漫的原因大致有四个：一是竞争激烈、贫富差距拉大，对许多社会成员形成了大面积压力。二是社会风险加大，不确定、不明白的事多了。三是不恰当地攀比，急功近利，与人家比地位、比荣耀、比收入、比房子，越比越觉得吃亏、倒霉，处处不如人。虽然自己比过去好多了，但和别人一比，又不知足。四是人们的信仰缺失，心灵缺少一种坚守和定力，面对大量诱惑和欲望，容易陷入焦虑。

目前家庭原因造成的焦虑非常普遍和突出，尤其对女性来说，这种焦虑来源于不安全感。最典型的如一位女性咨询者，结婚7年了，丈夫工作比较忙，经常出差，应酬也比较多，她总是担心丈夫有外遇，只要丈夫出门，她就电话“查岗”，开始时每天打一次，后来越打越焦虑，不停地打电话，最多的一天打了上百个电话……这样的焦虑已经严重影响了她和家人的工作和生活。类似的咨询者有很多，尤其是结婚时间较长的家庭和闪婚家庭，女性对家庭和伴侣的不安全感导致了焦虑。

“对男性来说，较多的焦虑来自于工作和人际关系方面的压力。”尤其是现代生活竞争激烈，升职加薪的压力、末位淘汰的压力，都会造成前所未有的职场焦虑。而对于在政府机关工作的人来说，非常看重人际关系，说话做事前都思量斟酌半天，不允许自己说错一句话、做错一件事，一句话说得不得体就要懊恼很久，焦虑情绪明显。

对于年轻人来说，焦虑大多来自升学和就业的压力。尤其是高考前，很多学生担心“考不好怎么办”，大学毕业生担心“找不到工作怎么办”，这种预期性焦虑非常明显，尽管程度不同却是广泛存在。轻的考试后就消失了，严重的甚至发展为抑郁而自杀。除了性格原因以外，值得关注的是，人际关系已经成为年轻人交往的一大障碍，很多人从小就没有建立良好的交流习惯，进入学校、踏入社会后不懂得如何与人相处，稍有不顺心就情绪低落，校园暴力、学生自杀等现象也随之出现。

日子越好，越焦虑。外表看似光鲜的白领，为何集体陷入焦虑？美国社会评论家格雷格·伊斯特布鲁克在其所著《进步的悖论：生活变好，感觉变糟》一书中指出，过于强调个人奋斗的“孤独感正在驱赶幸福”。

伊斯特布鲁克指出，虽然人们挣的钱越来越多，但挣钱的过程却往往很孤独——要么为了自己的理想而脱离了我们的根本，失去了朋友和家人；要么是在一个很遥远的地方只身一人打拼。现代生活某种程度上类似一个美丽的酒店房间，人们不快乐的原因是“没有人和你结伴而行”。有调查显示：5年以前，3%的美国人认为自己很孤独，如今这个比例上升到了13%。“与自己竞争是一件孤独的事。”

伊斯特布鲁克还引用了“崩溃焦虑症”（即担心好日子必将结束）和“目录诱导焦虑症”（即担心一个人无法承受社会的全部好东西）等理论为“日子越好越焦虑”这一奇怪现象进行解释。在他看来，让这些收入颇高的白领心生焦虑的一大原因是，每个人都想跟上潮流，而最根本的关键是人们渴望得到更多的东西。

鹿特丹伊拉斯莫斯大学社会心理学教授鲁特·维恩霍文通过对欧盟国家的一系列调查后发现：人们的感觉之所以会越来越糟，是因为经济增长导致人们的欲望不断膨胀，于是奢华的生活越来越显得平常无奇，因此抵消了经济增长带来的满足。

（三）弱势心理

在现实生活中，我们还看到社会存在一定程度的“弱势心态”，传统意义上的弱势群体本来是指社会最底层的人群，但最近的一次社会调查显示，45.1%的受访党政干部、57.8%的受访公司白领和55.4%的受访知识分子认为自己是“弱势群体”。而网络调查显示，73.5%的受访网友认为自己属于“弱势群体”。“弱势心态”几成社会普遍心态。专家认为，“弱势心态”来源于社会比较，来源于人们在面对不公平和不公正时的一种安全感缺乏。

随着社会贫富差距、收入差距的扩大，人们通过社会比较产生了被剥夺感。

（四）冷漠心理

世界气候变暖了，人心变冷了。在现实生活中，我们看到社会还存在一定程度的“冷漠心态”。公交车上看到老人懒得让座，看到扒手行窃视而不见，听到呼救置若罔闻……冷漠是当前社会最可怕的社会心态。为什么会出现冷漠心态？有专家认为是“社会环境让人瞻前顾后，安全感缺失”。有人认为是“人与人之间的交往更多是金钱关系”。个人冷漠行为会受到他人冷漠行为的影响。如果一个受难者倒在地上，前面的过路人袖手旁观，后面来的过路人也照样如此；一旦有人去救助，其他许多人也会跟上去帮助。

尤其对二三十岁的年轻人，鲁莽一点，狂气一点，没有经验，这都不是致命的弱点。最致命的缺点就是过早陷入一种世故、冷漠、玩世不恭，对这个世界上的悲欢离合、爱恨情仇，都无动于衷，嘴角挂着一丝冷冷的笑意，事不关己可以高高挂起，这对于青年来讲，是致命的硬伤。

（五）牢骚心理

在现实生活中，我们还看到社会存在一定程度的“牢骚心态”。部分人觉得自己上升渠道受阻，个人才华抱负得不到实现；部分人觉得自己付出的多，得到的少，心理不平衡；部分人过分强调关系在生活和事业中的作用，把自身失败归咎到个人的社会地位上……一有不如意，便不分青红皂白地“怨恨式批评”，会导致负面“舆论场”不断扩散。

（六）迷茫心理

今天的世界，处处可上网。人们的关注点在网上，兴奋点也在网上。网络正影响着人们特别是广大青少年的价值观念、文化情趣、综合素养、行为方式。

面对海量信息，不少人不知所措，无所适从，沉迷网络以至不能自拔。不少人面对这三个世界——现实世界、理想世界和虚拟世界的碰撞和冲突，会出现一种什么情况呢？信息异化的情况。信息是人创造的，反过来又控制着人。整个人类经历了自然异化、科技异化、商品异化，如今又进入了信息异化。

有一个现象，不少人基本上是隔三五分钟就要拿出手机来看看，看什么，看短信。大家知道不少短信是有用的，但很多是无聊的、无意义的。一个人全身心干一件事情，也未必能干好，如果三五分钟就看一次手机，如此分心，能做好事情吗？显然不能。这就有一点信息异化之嫌，你被信息控制住了。

2013年初，有位叫崔米娜的韩裔美国妈妈在华尔街日报中文网发表了一篇文章，题目就叫《要不要让孩子用智能手机？》她说上个月去韩国，发现那里“几乎人手一部智能手机，就连70岁的老奶奶也不例外”。“韩国亲戚发现我儿子居然没有智能手机，都替他感到遗憾，甚至问我他们能不能送他一部。”

终于，当儿子收到一台iTouch时，崔米娜最不愿意看到的情况发生了：因为手上的玩具，孩子“根本没有去关注这个他第一次踏足的国家”。“好几次，我都不得不没收iTouch，否则他根本无法用心欣赏博物馆里的陈列品或周围的景观。”

崔米娜观察到的现象，在每一个拥有iTouch、iPad或者其他电子娱乐产品的孩子身上，多少都有所体现。她的文章发表后，很快被各大论坛转载。

智能化电子产品本身是中性的，人们特别是青少年对它爱不释手，主要是心理上的原因。

通过手指触摸、滑动，配合以游戏或者软件中显示的静止图像和声音，完成了一些指令和操作——这个过程，会让一个还没有完全自主能力的孩子意识到自我成就感。用一个专业术语来说，这是一次当自己的代理人的经历。“现实生活让孩子们知道，他们的吃穿住行都依赖父母，平时要听父母的话；但虚拟的世界给了他们另一种体验，即主宰自己，由自我发动并完成一件事情而产生的满足感。”

眼下，除了眼科医生频频发出预警外，心理学家最担心的是，处于生长发育期的青少年过度接触电子产品和移动互联网，很容易逃避现实世界，选择沉溺虚拟世界，继而影响他们的人际交往和正常生活。让太多的媒体信息和人们的大脑相连，视野将受到限制，理解力和注意力会下降，选择力和判断力弱化，产生迷茫心理，更大的风险将是患上抑郁症和毁坏长期的记忆力。

（七）“仇官”“仇富”心理

只要网上贪官一曝光，马上就被无限放大。某省原副省长涉嫌严重违法违纪被双规，网上马上就讲，贪污受贿9亿美金，46个情人。只要是开宝马车的，马上贴上标签“富二代”、“官二代”。部分官员的腐败在民众中造成了极为恶劣的影响，“表哥”“房叔”等被网络曝光后，引发网民不满。同时，“富家女”、“官二代”、“网晒”奢侈品炫富、飙车肇事逃逸、“煤老板嫁女”等，强化了人们对“官二代”、“富二代”的印象，激起了群体性怨恨，以致不少人会偏执地看待政府公职人员以及“官二代”、“富二代”，并与之对应催生了“穷二代”、“农二代”、“屌丝”、“蚁族”、“拼爹”等名词。这些虽是一种心理宣泄，但在不同人群特别是青年群体中广泛传播后，就会日渐固化为一种明显的思维定式或偏激成见，形成“仇富”、“仇官”心态。这种心态的非正常释放鼓噪了不少人的消极心理，在为社会对立制作“催化剂”，增加社会风险的同时，也影响了人们对社会制度的信念。

（八）极端主义心理

这种心态习惯性地从单一角度、某一方面看问题，常常表现为“全盘否定论”和“怀疑主义论”。比如，一说到民企老板，一些人就觉得“为富不仁”；一看到别人做好事，就觉得是在“做秀”，特别是在“爱国”层面上，最爱走极端。凡此种种，大都是偏激固执的极端主义表现。

上述这些社会心态心理失衡问题容易使人对社会产生失望、怀疑和抵触情绪，如果任其发展下去，就会成为影响社会稳定的消极因素。

二、克服不良心态

健康心态是一种持续积极的内心体验。保持健康心态，需要克服以下几种不良心态：

（一）克服浮躁心态

现代社会，人心浮躁，急功近利，好大喜功，只看短期效益。十年磨一剑，有人恨不得一年磨十剑，文章不写半句空、板凳甘坐十年冷的人少了。有些人站起来想坐下去，坐下去想站起来，一看书眼睛就发花，一思考问题脑子就走神，正是心躁生动写照。心躁有四躁：急躁、浮躁、烦躁、焦躁。首先是急躁，急躁起来肯定浮躁，浮躁起来事情做不好肯定烦躁，烦躁结果必然导致焦躁。有人焦躁起来，还可能暴躁。

从一定意义上讲，“四躁”已成为现代许多人的通病。

急躁——为了尽快达到目的，往往不经过仔细考虑就行动，缺少耐心“等不得了”。

浮躁——面对变化中的社会，心中无底，不知所措，盲目恐慌，专注度不够。急功近利，从来不会踏踏实实埋头苦干，总在找捷径，找窍门，又总是不得要领。手里做着事情，眼睛东张西望，总不能把一件事情做到底，更谈不上做好做实。这山望着那山高。为求速度，求效率，不愿意遵守规则。在求学、升职、挣钱等方面倾向于抄小道，以至于不惜代价投机。

烦躁——对自己欲望没有节制。各种愿望都想满足，又总是得不到满足。对自己工作岗位处境不安心、不满意。对什么事情都感到不顺心，对什么人都看着不顺眼，经常把火气发在别人身上。自己总是面临着一个又一个难以抉择的问题。想不清，想不通，想不好，却还要想，于是情绪浮动，心理烦躁就常常难免了。

暴躁——盲动冒险，缺乏理性，一不顺心就激动愤怒，争吵谩骂，大打出手，甚至引发暴力事件。

躁是现代病、市场病。人的个性淹没在世俗潮流中，人格行为趋于市场化、商业化。形象地说，心躁的人专看三个头：风头、势头、苗头；爱喝三面汤，脸面、情面、场面。有位花农讲得好，夜来香其实白天也很香，因为白天人的心太浮了，所以闻不到夜来香的香气。如果一个人白天的心也很沉静，就会发现夜来香在酷热的中午也是香的。一个浮躁的心灵，会忽略世界的美，会误解世界的真谛，会造成对世界无端的曲解。实际上，今天的世界，今天的我们，常常处于浮躁之中，浮躁给我们带来很大损失。

一些城市建设浮躁，只管上面，不管下面，表面上豪气冲天，地下根基不稳，下水道基础建设薄弱。雨果有句名言：下水道是城市的良心。中世纪甚至快到16、17世纪的时候，在那些最著名的欧洲国家的中心城市都没有下水道，连皇族、宫廷都把粪便倒在大街上。几次非常惨痛的数千万人死亡的瘟疫教育了他们。他们有下水道的历史比中国晚多了，可是他们后来者居上，直到现在巴黎仍然为它的下水道而自豪，而且那里还成了旅游观光的一个项目。什么是真正的现代化？国外专家学者认为，真正的现代化程度根本不是看伫立在表面的大楼，而是在地下，一场大雨就能知道一个城市是不是现代城市。

一项伟大事业往往需要几代人持续不断地奋斗。这就像一场长跑接力赛，需要一棒接一棒跑下去。等到你接棒的时候，如果你认为前一棒跑得好，那你应当再接再厉，继续领先；如果你认为前一棒跑得不理想，那就应当快马加鞭，追赶上去。

新官上任，切忌谋事太急、气焰太盛。上任之初，最要紧的是稳定人心、稳定局面，团结面越大越好，树敌越少越好。切忌自己位置没坐稳，就开始搞人事调整，以人划线，弄得人心惶惶。

社会转型时期，社会心态的突出特征之一就是焦虑、浮躁。这在大学生身上表现得也很突出。大学生之所以焦虑，是因为心中有担心、牵挂，对未来缺乏信心和希望。当这些负面情绪充斥大学生的内心，必然会产生焦虑。大学生担心学习压力、生活负担，担心人际交往，害怕毕业后找不到满意的工作，再加上食品、药品安全事件，交通事故、自然灾害等也加重了大学生的焦虑感。大学生在学校会有“学习焦虑”、“经济焦虑”、“人际关系焦虑”等等；毕业后，若他们在找工作时屡屡碰壁，势必会产生“就业焦虑”；工作找到了，却发现自己只能得到社会财富大蛋糕中很小很小的一块，进而产生“财富焦虑”；随着工作经验的积累，收入有所提高了，却发现自己根本买不起房子，进而产生“房子焦虑”、“婚姻焦虑”、“孩子焦虑”等各种各样的焦虑，最终给大学生带来的是一种身份上的焦虑：在社会上找不到自己的位置，精神上无所寄托，物质上缺乏保障，丧失了基本的安全感和归属感，从而产生消极悲观的心态。

所有浮躁东西，结局都一样，它们都像美丽的肥皂泡，一旦破灭，中间是空的，留不下任何东西。这些浮躁浮夸现象，实质是重虚名、重功利、重速度、重表面。

浮躁，即轻浮急躁、心浮气躁、漂浮躁动。这种浮躁心理使得转型期的社会充满了感情泡沫，以致娱乐化、“娱乐至死”成为时尚，到处充满廉价的笑声。人们不愿意深入思考到底为什么发笑，值得不值得发笑。放弃了价值判断，放弃了思考本身，甚至放弃了基本的感情冲动，这种笑到底有多少价值颇值得怀疑，尤其是当前一些电视栏目，极尽“媚俗”、“低俗”、“庸俗”能事……

1818年10月22日，黑格尔在受聘于柏林大学哲学教授职务的时候曾经说过，这个世界的精神太忙碌于现实，太驰骛于外界。尽管已经过去了近两百年，他的话仍适用于我们现在的时代。没有精神家园的心灵，浮躁的心态，不可能去思考自己生命的意义和价值，也就不可能对他人有真正的情感关心，对社会有真正的责任心。

人静心不浮，静心能豁达。文学大家杨绛先生在她100岁生日那天说道：“我心静如水，我该平和地迎接每一天，过好每一天，准备回家。”

聆听杨绛先生淡而有味的话语，我们感受到的是一种看透人生的平静，心灵得到一种美的过滤。有句话讲得非常到位：“每临大事有静气。静而后能安，安而后能虑，虑而后能得。”看大千世界，缤纷缭绕；看茫茫人海，潮起潮落，忙碌穿梭的脚步声中，只有内心保持安静状态，才能冷静思考，正确判断，平和处事，坦然地面对人生的各种挑战。心静是人生的一种从容之态，是精神不可或缺的园地，它促人思考，给人以智慧和力量。

现代浮躁的社会里，许多人急功近利就是在为物质奔波，为生活所累，这样也很容易在眼花缭乱的物质罗网里迷失自我，但只要把握好自己的内心，学会静下心来，拥有一份从容淡定，就可以享受生命带给我们的一切。

“非淡泊无以明志，非宁静无以致远。”在生命的长河里，以仰头看天的心境，辟一块安静的绿地，静下心来默默耕耘自己的梦想，坚定自己的方向不回头，总有一天，你会激发出生命潜能，用缤纷鲜艳的生命之花，芬芳自己的岁月。

（二）克服没意思心态

何谓“没意思”，言称活着没意思，死了也没意思；结婚没意思，不结婚也没意思；干活没意思，闲着也没意思……表现出失意郁闷状态。据说大学校园有句流行语叫“郁闷”：心里不痛快郁闷，考试成绩不好郁闷，家庭贫困郁闷，失恋郁闷等，有人讲，不在郁闷中变态，就在郁闷中恋爱。“没意思”实质就是没有理想，没有热爱，没有激情，没有精神支柱。看破红尘，混日度年，得过且过，破罐破摔，大事干不了，小事不想做。“既没有真正的欢畅，也没有刻骨的悲哀，好似六朝的骈体，虽然珠光宝气，内里却空空洞洞。”

一个没有理想、没有信念、没有信仰的人，只能受本能驱使，人生没有明确目标。这种人或是思想极端，心理阴暗；或是浑浑噩噩，虚度光阴；或是唯利是图，狭隘自私。最终只能是思想迷茫，心态扭曲，以致精神空虚，人格低下，道德沦丧。

解此“没意思”的心态病毒，首先要唤醒心灵，热爱人生。热爱成就理想，热爱催人奋进，热爱点燃激情。激情不是一个瞬间状态，而是一种文化积淀。要有一种真正的积极向上的激情，一种永不放弃的精神，一种永不言败的精神。正确看待社会，正确对待人生，多看光明美好的东西，多看充满希望的东西，多看积极向上的东西，始终保持阳光自信向上的心态。

（三）克服妒忌心态

嫉贤妒能是几千年小农意识的反映，在本质上是对自己进步丧失信心的表现。嫉贤妒能的判断是：自己无论怎样努力，也不可能达到嫉妒对象的水平或成就，只好采取嫉妒别人、破坏别人、拆别人台的行为。这种嫉贤妒能的心态不克服，就会对人的发展带来极坏影响。

嫉贤妒能的心态不是坏人专有的心态，一些好人也难免产生这种心态。一般情况下，有两种情况，最容易产生嫉贤妒能的心态。一种是已经取得突出成就的人，往往容易对后来居上的人产生嫉贤妒能的情绪；另一种是业绩平平的人，对身边脱颖而出的人，也容易产生嫉贤妒能的情绪。只有注意克服这两种情况，才能保证人才的健康成长。因此，已经取得突出成就的人，不要压制后来居上的人；业绩平平的人，不要嫉妒脱颖而出的人。

在某院校学院，少数几个人为了抵制引进人才、维持自己旧有的优势而结成帮派，对新引进的专门人才大加压制和排斥。每当新引进的人才遇到评审职称、获得省部级或国家级奖励的时候，这几个嫉贤妒能的人就不惜采用书写匿名信的方式，捏造材料，以所谓“部分革命群众”的名义散发匿名信，对他们攻击的对象上纲上线，诬蔑诋毁。

嫉妒是人类的一种劣根性。许多人容忍别人的平庸，却不能容忍别人的冒尖。嫉妒人者大都是无能的人。他们自己没有能力干出成绩，而又希望别人都和自己一样。别人发展了，进步了，影响大了，甚至超过自己了，他就不舒服了，只好挖空心思，用找毛病、造流言、泼脏水等各种手段去贬低别人。谁都知道，冤家有对头，但嫉妒不一样，你虽未冒犯他，但只要跑在他前面，他就浑身难受，对你恨得咬牙切齿。

嫉妒是一种病态。嫉妒的初级阶段叫“红眼病”，羡慕中含有嫉恨；嫉妒的高级阶段叫“白眼病”，一个人一旦嫉妒别人到了白眼阶段，他痛苦得很，也可怜得很。

嫉妒有好几个层面，一般来说我们面对一个比自己优越的人，会有不适感，有时这种不适感还会演化为怨恨，这就是嫉妒，是人性当中存在的弱点。近处的优越者更加让人不适，而对远处的人，比如古代的人，心理就平衡多了，因而就容易赞扬了。对一个外国人，我们可以轻松地赞扬他，对本国人，我们赞扬的力量就差一点；如果近到了省内，就不太愿意赞扬他了；如果是本单位的，那就更不愿意赞扬了。这就是人性的奥秘。

为什么我们可以对一个人光说好话、不吝言辞地赞扬？因为他不具备让人嫉妒的东西。所以对待他人的嫉妒，要建立在无畏和坦然的基点上。嫉妒会带来意想不到的伤害，所以有人要花费极大的力量去规避。嫉妒的力量有时是很强大的，因为这是人性中极普遍的、极没有理性的一种力量。

中华民族有许多传统美德，比如勤劳、智慧、坚韧、善良、克己等。但也有些丑恶的东西，如狭隘守旧，嫉贤妒能；纠缠小事，苛求小节；无事生非，有事起哄；当面表扬，背后搞鬼。

心胸狭窄的人容易嫉妒人。嫉妒既有害于人家，也伤害自己。嫉妒与中国文化有关。中国文化博大精深，但也有缺陷，与嫉妒有关的是恨能人文化。枪打出头鸟；木秀于林风必摧之；大家齐步走，不让一个阶级兄弟掉队，大家心安理得，谁要冒尖，太出众了可能成为众矢之的。即便你没得罪他，甚至成全了他，他也心存偏见。对干事的人求全责备，对不干事的人可以委曲求全。哪位能人出事了，他不是惋惜，而是幸灾乐祸。

现在有两种现象，越是重点单位、重点学科，人才济济的地方，人才矛盾越是尖锐突出；人才作为单个个体，是育人名师，为人楷模，但几个这样的人放在一起，可能会马上变得剑拔弩张，势不两立，名家学者的风度荡然无存。人才工作难度在于此，文人相轻。两种现象都是嫉妒心理的折射。

文人相轻有几种做法：一是以己所长，轻人所短，抬高自己，压低别人；二是以己所短，轻人所长，自己躺在垃圾堆，然后拖着别人，不惜与人同归于尽；三是放冷枪，施暗箭，抹黑别人，把水搅浑。文人相轻有以下原因：有的是出于骄傲心理，自命不凡，孤芳自赏；有的是出于门户之见，隔行如隔山，明明不懂，又妄加评论；有的是出于妒忌心理，看到别人功成名就心理不平衡，产生羡慕妒忌恨。

能力平庸的人不会遭人嫉妒，在我们周围，对从没有意见的干部，要多几分留心，其中不少是不能干事的庸人，或八面玲珑的人。我们要善于在有争议干部中选拔人才。在有争议干部中，有些确实有问题，但真正的人才也一定在“有争议”干部之中。在这样一个大变革时代，那些冲锋陷阵的人，那些不断用新思想、新观念、新小法来研究新情况解决新问题的人，往往会遭到“木秀于林风必摧之”的命运，而这些秀木正是干事创业的干部。

美国一家公司董事长聘请一位总经理，他送给这位总经理几句话：如果我们每个人都雇用比自己差的人，我们就会变成侏儒；反之，我们雇用比自己强的人，我们就会成为巨人。现代社会，像这样开明的人太少了，特别在中国武大郎“太多了”，正是他们不许人才冒尖。中国要发展，干部要进步，必须治一下嫉妒心态病。

现代社会，我们要得到发展提高，必须文人相近、文人相亲，相互学习，相互欣赏。切忌嫉贤妒能，切忌秋后算账，给人穿小鞋。我们要善于欣赏他人，高看他人未必降低自己，低看他人未必抬高自己。善于宽容包容，容人、容事、容言，退一步海阔天空，让一步风平浪静。

（四）克服攀比心态

与他人比较，已成为一种习惯思维方式。比的结果，不可能事事如意，事事顺畅，不满意、不满足、不平衡心态常有，人活得累，一小半源于生存，一大半来源于攀比。

我们常说，生病、脑病、心病，人最怕心病；身累、脑累、心累，人最怕心累。

一般讲，累有三种。第一种是身累，主要是体力劳累；第二种是脑累，主要是智力劳累；第三种是心累，主要是心理劳累。这三种累是很不相同的。体力劳动的身累一般是不伤人的，恢复比较容易。智力劳动的脑累，对人的伤害比较大，恢复起来不容易。最怕的是心累，与别人比，赌气、怄气、憋气；同别人攀，寒心、灰心、伤心。心累对人的伤害最大最深。人们有时说真累，其实就是心累。

当今社会，机会很多，诱惑很多，漏洞很多。一个领导干部，要想以权谋私，是很容易的事；要想洁身自好，就需要时时警惕，严防死守，倒是件不容易的事。特别是那些处在实权部门、要害岗位的干部，只要想要，几乎能得到自己想要的任何东西。因此，领导干部必须管好自己，时时自警、自省、自戒、自律，任何教育都代替不了自我教育，任何法律、纪律都代替不了自律。对干部来说，最关键的防线是自守。

当干部必须明白一个道理，想当官就别想发财，想发财就别想当官。君子爱财，取之有道。不能利用职权，巧取豪夺，发不义之财。在利益面前，要想想自己该不该得，该得的未必就得，不该得的千万不能得。一旦你得了别人的好处，就得给人办事，就会受制于人，或许从此你的命运已经掌握在别人手里了。我们应当懂得，名声与生命、生命与财富、得到与付出的利害关系。过分追求名利势必付出更大的代价，过多聚敛财富势必遭到惨重的损失。

尽管当干部挣不了大钱，但日子一般也不比人差。因此，要珍惜来之不易的职位，自重自爱，好自为之。如果贪图眼前利益，为了一套房子、一批“外财”，断送自己美好前程，甚至弄得身败名裂，家破人亡，那是很不值得的。一个干部一旦走上领导岗位，就如同上了秋千架，务必时时小心，千万不要放松自己，否则一松手就甩出去了，弄不好会跌得粉身碎骨。

腐化变质是渐进过程。我们要树立正确的权力观、地位观、利益观，克服攀比心态，确保“大道”不偏离，“小节”不丧失，不为名利所累，不为物欲所惑，不为人情所困，堂堂正正做人，廉洁自律做事。

当前，物质主义流行，攀比多多。不是比德性，比知识，比精神高尚，而是比名牌，比开什么名车，比住什么档次房子。不去思考人生的目的是什么，精神的位置在哪里，这样的物质攀比，精神缺失，非常让人担忧。

我们总是讲“不要和人攀比”。然而事实上，世界上的一切事物又都是相比较而存在的。可以说人的一生就是在比较中度过的。

比了一辈子，其实真正让我们动心琢磨的就是身边的那几个人。我们敬佩远远高于自己的人，不会和比尔·盖茨比富有，不会和乔丹比投篮，不会和帕瓦罗蒂比唱歌，不会和顶级名模比身材……我们却常常羡慕或嫉妒稍稍高于自己的人，尤其是亲友、同学、邻居，无论在哪方面超过自己，都可能使我们心绪难宁。这样许多人的幸福快乐就由他们周围的人来决定了。

所以，我们需要弄明白的是自己这辈子到底要的是什么，为什么要比、比什么和怎么去比。横向与别人比，比出差距、比出问题、比出追赶的信心和勇气、比出实干的决心和毅力，就会比出催人向上的动力。更重要的是，纵向与自己比，比出知足、比出快乐、比出幸福、比出不足、比出目标，就会比出超越自己的自我激励。将“人比人得死，货比货得扔”改成“人比人得活着，货比货得留着”才是明智的态度。

有一则短信，人生如赛场，上半场按学历、权力、职位、业绩、薪金比上升，下半场以血压、血脂、血糖、尿酸、胆固醇比下降。上半场顺势而为，听命；下半场事在人为，认命！愿同志们上下兼顾，两场都要赢，没病也要体检，不渴也要喝水，再烦也要想通，有理也要让人，有权也要低调，不疲劳也要休息，不富也要知足，再忙也要锻炼。

任何人都无法全知全能，任何人的作用都是有限度的，没有理由无限度地期求，无限度地追逐，无限度地攀比。这种人生的有限性，构成了知足常乐的内在根据。有见及此，就可以在物质生活中“多做减法，少做加法”；对于不属于自己的东西，能够自觉摒弃，而不是贪得无厌。以此来观照客观事物，对待人生课题，就会摆脱种种烦恼，除掉无谓纠缠，免去诸般计较。现代人比什么？应该是比谁更健康、更快乐，比谁的生活更有意义，比谁的生命更精彩。

（五）克服危险心态

有一个现象，水位高到一定程度，便成为“警戒水位”，因为有危险了。心态到了一定的状态，也应该警戒起来。

在生活中，人们有时出现种种危险的心态。在这种心态下，很容易感情用事，做一些错事，甚至做一些危险的事。

比如，在马路上开车，后面有一辆车超过你了，无论如何你也要把对方超过去，有时还要向对方示威一番，这种“斗气”心态，就是一种危险心态，许多车祸就是在这种情况下发生的。

比如，做一件好事，没有得到自己期望的承认，甚至遭到非议，这下便承受不了了，于是便想，老实人吃亏，今后再不做好事了。在这种心态左右下，放弃了对自己的要求，甚至开始走上了人生下坡路。

比如，自己某个目的没有达到，某个愿望没有实现，不去分析主客观原因，就凭借自己主观想象，认定这是谁在跟自己过不去，于是找机会报复。因为情况不明，很可能误伤了好人，甚至恩将仇报。

比如，自己多年苦苦追求的目标在即将实现的时候，却“泡汤”了，多年积累的愿望，多年形成的压抑，一下子像火山爆发了。这种危险心态达到极端，就容易让人失去理智。

有很多例子表明斗气、武断、猜忌、失控都是危险心态的表现。一些老实人突然违法犯罪，是因为他心态有缺陷，不能正确看待自己和他人，不能正确看待事物。同样一件事情，对心态健全的人，可能不过是一笑了之，但对心态有缺陷的人，却成了天大的事，你死我活，水火不相容。

解决危险不良心态，要研究人的心态变化规律，特别是在理智和感情冲突中，危险心态的出现，尤其需要注意。当出现危险心态苗头的时候，要能够及时察觉，及时控制，妥善转化，防止扩大引发不良后果。许多危险心态往往是一瞬间的事情，情绪冲动，脑子一片空白，不顾一切，但过了这个坎，你再让他做傻事，他也不会干了。当然，也有慢性的危险心态，克服起来要花更长时间。对于慢性危险心态，要善于化解，不要火上浇油。

因此，保持健康心态，必须克服以上不良心态。用平平常常的心态、高高兴兴的情绪，快节奏、高效率地多做平平凡凡、实实在在的事。开个大会，喊个口号，掀个高潮，很容易调动起人的激情，但是会议开了，口号消失了，高潮平息了，平凡的岗位还得一年一年坚守，平常的日子还得一天一天过，平淡的事情还得一件一件做。人生最难的就是在平凡岗位上，过平常的日子，做平淡的事情，仍然能高高兴兴、快快乐乐，那才叫大快乐、好心态。

第19讲

做人要有幸福快乐

当前,“幸福”一词颇为时尚。什么是幸福?有人说,吃得饱、穿的暖、住得好,要什么有什么就是幸福。还有人说,每一天高高兴兴就是幸福。还有人说,幸福就是能够活得很平淡、很和谐、很祥和,和大家相处都很愉快。痛苦的时候,有人来分担;快乐的时候,有人一起分享。

许多有关幸福的诠释,有的直白,有的含蓄,有的幽默,可谓仁者见仁,智者见智,但都深入浅出地说出了幸福是一种感觉,是一种心态,是一种体验。

幸福是一种内心快乐的状态,外在东西不能化为内在的体验就不会幸福。幸福喜欢捉迷藏,年轻时它藏在未来,让我们去寻找。人们追求幸福,其实没有什么比对生命的强烈体验更加幸福,幸福就是生命意义的实现。因此,热爱生命是幸福之本,同情生命是道德之本,敬畏生命是信仰之本。

心态决定幸福。一个心态不健康的人肯定不幸福,一个不幸福的人心态肯定不健康。我们经常把幸福作为自己的目标,以为目标实现了，就是幸福了，其实这是一个误区。这就是我们经常不幸福的原因。幸福是一种感觉，更是一种心态。具有健康心态的人，能拥有长久和持续的幸福，而不是短暂的情绪体验。

在心态调整上，要有积极心态，要有正能量，关注当下积极的正面因素。好心态来自宽容，来自大度，来自善解人意，来自与世无争。坏心态是烦恼折磨出来的，其实现实没有你想得那么糟糕，生命有高峰也有低谷，根本没有一帆风顺的人生。凡事多往好处想，这一面不开心，去另一面寻找快乐。你心里想什么，关注什么，你眼里就会看到什么，语言里就会表现什么，你的世界就是什么。要用积极的心态吸收更多的正能量，让自己感觉更幸福。

幸福是一种心态，是一种持续、稳定的感觉状态。幸福，与其说是外界的给予，不如说是内心的感受；与其说是生活的状态，不如说是生活的态度。哈佛大学著名心理学家泰勒说："幸福的定义应该是快乐与意义的结合，真正的快乐就是在自认为有意义的生活中享受点点滴滴。"用老百姓的话说，幸福的真谛就是活得简单一点，活得糊涂一点，活得潇洒一点。当你总感到自己不快乐不幸福时，不妨换一个思路，换一种活法。

什么是幸福？幸福是三个方面的满足：第一个方面，幸福是富裕的物质生活对人的生理需要的满足；第二个方面，幸福是充实的精神生活对人的心理需要的满足；第三个方面，幸福是和谐的社会生活对人的伦理需要的满足。有了这三个方面的满足，我们才会有一种真实的幸福，才会有一种好心态，才会有安心、顺心、放心的感觉，而不是一种担心、操心、烦心的感觉 。

人这一辈子风风雨雨，坎坎坷坷，十有八九都是烦心事。烦心你经常得到，也容易得到；相反，顺心你不经常得到，也不容易得到。这就需要我们经常调整心态，排除烦恼，创造幸福，对得起自己的一生不容易。因为人生常常逆境多于顺境，社会复杂常常超越人生经验，一个再聪明、再有智慧的人也会有烦心的时候。有几句格言讲得到位：幸福圆满未必鲜花不败，风和日丽未必春天常在，一帆风顺未必前途光明。

幸福是人生永恒的追求。人生是生活的展开，人活着是为了过一种幸福的生活。一个人可以要金钱和物质，要权力和地位，要平等和自由，但无论要什么，最终都是为了过一种幸福生活。

财富、地位、权力、名气，这些都是与幸福紧密相关的因素，然而这些并不是决定幸福的根本原因。我们身边有不少达官显贵、富商名流，他们活得未必比一般人更幸福。与常人相比，他们或许有更多的担心、烦恼、恐惧和种种不稳定、不安全、不自在的感觉。如果说幸福是需求和欲望的满足，那么，需求越多，欲望越强的人，幸福就越难。其实，财富、地位、权力、名气这些东西，只有很少一部分是人生必须的，其余的都是附加在生命上的多余的东西，这些身外之物越多，生命的负担越重，制约幸福的因素越多。

人生最宝贵的东西是两样：一个是生命，没有生命，一切无从谈起。另一个是精神，人和其他生命体的区别在于人是一种精神性的存在。所谓幸福，就是让生命和精神处在一个好的状态。上天给了我们每个人一条命、一颗心，把这条命照看好，把这颗心安顿好，人生就是圆满的，就是幸福的。什么是人生好状态？生命应该是单纯的，不要太复杂，复杂就痛苦，要保护好生命的单纯状态，精神应该是丰富的，你要好好地享受你的精神财富，这是幸福的一个重要来源。

人生要有两个简单，一个是物质生活简单，你可以很富有，但不要把精力放在物质追求上，一个真正富有的人应该是，有了钱以后仍然过简单的生活，因为能给人带来快乐的并不是物质层面的东西。另一个是人际关系简单，人际关系太复杂，难免掺进利益东西。物质生活简单一点，人际关系简单一点，这样才能幸福。

追求幸福，是人生永恒的动力。幸福是人生最终极价值，幸福是人生的主观感受。

幸福其实很简单，有一个调查讲得很形象生动，幸福依次排列为：给孩子洗完澡，怀抱婴儿的母亲；给病人做完手术，目送病人出院的医生；写完小说最后一个字，画上最后一个句号的作家。他们都不同程度地感受到了幸福。

法国人很浪漫，星期天不愿意出差，不情愿登上火车，如果突然发现身旁坐着一位美女，将伴他整个行程，这对他来说就很幸福。俄国人对幸福的理解最具有戏剧性。早晨四点钟，有人敲门，你被捕了，两个警察给你戴上手铐。你一看逮捕令，喜极而泣，高兴哭了，对不起，你要找的人是在我隔壁，此时此刻他最幸福。

幸福人生有五句话说得很到位，做到了就是幸福人生、和谐人生、圆满人生，也可以叫做科学人生。

第一句话，事业无需惊天动地，有成就行。不是看你做多大官，出多大名，有多少钱。

第二句话，爱情无需死去活来，温馨就行。只要能找到一个情投意合的人，相随相携，相伴一生，就是幸福。

第三句话，朋友无需如胶似漆，知心就行。朋友不一定非要好得分不开，只要彼此理解，以诚相待，“君子之交淡如水”也就行了。

第四句话，金钱无需取之不尽，够用就行。钱多少才是够，不缺必需品就是够。

第五句话，生命无需长命百岁，健康就行。健康既是身体健康，也是心态健康、心理健康。

圆满人生，可以理解为我们现在所强调的人的全面发展。从某种意义上说，人生的优胜者，并非竞技场上的单项冠军，而是一个全能选手。有的人并没有什么可歌可泣、值得大书特书的人生经历，甚至就是个普通百姓，但事业小有成就，与人和谐相处，感情有着落，不缺吃和喝，身体也不错，那就是圆满人生了。

事业只是人生的一部分，最多也只能说是一个重要的部分，而远不能说是人生的全部。事业的成功并不等于人生的成功。成功的人生不是表面上的轰轰烈烈，不是别人心目中的羡慕渴望，不是简单的自我感觉良好，甚至也不是社会的褒扬和历史的流芳，而应该是圆满人生。

用圆满人生论来指导人生，有利于人生幸福快乐，有利于正确指导自我完善，有利于人的素质全面提高，有利于人的全面发展。

幸福是一种持续、稳定的感觉状态，这种感觉状态主要体现在人际关系中。英国心理学家研究说，有三种关系决定你的幸福度：

其一，家庭关系，决定幸福度的50%。所以你的爱人最重要，他（她）是你幸福的保证和源泉。心理学家认为，幸福家庭有三个元素：拥抱、微笑、赞美。用肢体语言让孩子感受到父母的爱，用眼神和发自内心的微笑温暖彼此和孩子的心，用赞许和肯定的语言欣赏彼此和孩子。

其二，同事关系，占幸福度的25%。我们每天有8小时跟同事在一起，因此一定要珍视同事关系，互敬互爱，互相帮助，互体互谅。

其三，朋友关系，占幸福度的25%。朋友是我们心灵的按摩师、舒缓剂。据最近加拿大心理学家临床50年观察研究，男士有两三个贴心朋友可以延长寿命2～3年，女士有三五个闺中蜜友可延长寿命3～5年。

人是社会动物，必然要在一定的社会关系中生活。任何人都是多种社会角色的统一体。每个人的幸福感主要体现在能够正确处理上下左右、父子夫妻、同事朋友等各种关系，营造一种和谐的人际关系环境。

西方一些政客，在公众场合故意摆出一副热爱生活，重视家庭，关爱亲人的姿态，以显示自己的人情味和亲和力。英国前首相布莱尔在其夫人生小孩期间，要求休父亲假，当时媒体大肆炒作，为布莱尔赢得不少人心。现在我们一些媒体在宣传优秀干部时，常常人为加以拔高，片面描绘成只顾大家，不顾小家，只要事业，不要生活，只能尽忠，不能尽孝的人。这使得这些模范人物可爱不可亲，可敬不可学。其实，一个受人尊敬的优秀干部，应当是最有爱心，最懂亲情，最有情有义、有血有肉，最能体现中华民族优秀道德传统的人。

法国哲学家蒙田说过："一个人能和他的家人和睦相处，这是人生的重大成就。"英国哲学家霍布斯也说过："那些有野心的人，是舍不得把时间浪费在自己的朋友和家人身上的，他们把全部时间都奉献给了他们的敌人。这些人很可怜，因为人生中真正美好的东西，他们没有享受到。一个人活在这世上，一定要珍惜这些平凡的感情，一定要有相爱的伴侣、和睦的家庭、知心的朋友。这些要比你有车、有房、有钱重要得多。"

幸福和成功之间有着密切的关系。例如，拥有可观收入或较高社会地位的人通常是幸福的。但哪一个才是先决条件呢？是幸福带来成功，还是成功了才有幸福？

有些人认为，首先是成功，然后才有幸福，一些心理研究成果也支持这一观点。当然，问题的答案并不是非此即彼那么简单，两者之间可能存在着各种复杂的相互关联，只谈成功如何带来幸福，其实是忽略了问题的另一面。有证据表明，幸福带来成功的例子也是很多的。

如何才能有快乐的一生？关键在于如何对待成功。人生成功的标准，不是名，不是利，不是权，而是人生潜能的发挥。给你一个平台，把能力发挥出来了，这就是成功。人生成功不是结果，而是一种过程，一种体验。不是看你做什么，而是看你怎么去做。事情的结果尽管重要，但做事过程更重要，过程让我们的生命充实。生命本身其实并没有任何意义，只是你自己赋予你的生命一种你希望实现的意义。因此，体验生命过程，享受生命过程，就是一种意义所在。幸福不在乎你拥有多少，而在乎你怎样看待拥有。

人生是时间的积累，也是奋斗的过程。当你不知不觉度过光阴的时候，也会悄无声息地勾画着人生轨迹，人生的道路没有回程，生命的过程也没有预演，开弓没有回头箭。你是拼搏进取还是无为虚度，这取决于人生目标和不懈奋斗。

人有三个最基本的特性。第一，唯一性。这个世界上没有两个相同的人，每个人都是唯一的。因此，我们要尊重生命、尊重自己。第二，不可重复性。每个人都是不可重复的，所以我们要追求生活质量，每天要活得好一点，幸福一点，高兴一点，愉快一点，要对得起自己的一生。第三，偶然性。每个人到这个世界上来，都是偶然的。美国一位哲学家讲过，裹尸袋上没有口袋。在世的时候，我们浑身都是口袋，贪婪的人装、偷、拿，恨不得把这个世界都装到自己的口袋里面，死了以后，什么也带不走，一个口袋也没有。所以要好好活着，做点有意义的事。

经过岁月流转、世事沧桑之后你会发现，强大而持久的幸福感不是来自于官场、商场、名利场，而是来自于最平凡最简单的日常生活中。比如，有一个健康的身体，有一个温馨的家庭，有一份稳定体面的工作，有一群情投意合的朋友，每当周末假日，家人朋友其乐融融地团聚在一起的时候，你会感到人生最美好的事情莫过于此。

一项调查研究成果表明，世界上有两种人最幸福：一种是淡泊宁静的平凡人，一种是功成名就的杰出者。平凡人可以通过修炼内心、减少欲望来获得幸福，杰出者可以通过拼搏取得事业成就来获得更高层次的幸福。人们的误区往往在于，明明自己是一个平凡者，却把自己定位成一个杰出者，于是便产生了种种的纠结、痛苦和烦恼。世界上杰出者只是极少数，即使天资聪慧的人要取得成功，也需要合适的条件和很好的运气。你不妨放低身段，先把自己当一个平凡人对待，抱着一种平常心，从容地去应对生活。有一位功成名就的智慧老人在总结自己的人生经验时说：幸福的真谛就在于知足常乐、助人为乐、天伦之乐、自得其乐。

第20讲

做人要有修养修道

不论是古人讲的“修身”，还是今人讲的“修养”，其中“修”的本义就是自我学习、自我反省、自我修正、自我改造、自我完善。我们应当把“活到老，学到老，改造到老”作为自己的座右铭，始终保持一种学习进取之心，向书本学习，向实践学习，向他人学习；始终保持一种敬畏之心，敬畏天地，敬畏前贤，敬畏群众；始终保持一种自省自律之心，战胜自己的弱点，战胜自己的不良习性，战胜自己的种种奢望和贪欲，不断去追求一种更真更善更美的精神境界。

做人的道理说起来很复杂，其实做起来很简单，就是要从修身修道修德开始，从小事做起，从平凡事做起。

大事对人是一种检验，只有小事才构成修养，一个人一生经历的大事不多，更多的是小事。反复做一件小事，其实就是在做一件大事。我们常讲，于细微之处见做人，于细微之处见品德。小事小节是面镜子，反映人品人格。成功是出色的平凡，把每件小事做得出色了，就很了不起；把每件平凡小事做好了，就不平凡；把每件简单小事做好，就不简单。毛毛细雨湿衣裳，小事小节失守，很难在大事大节上过硬。

世界上的事情大多普通又平凡，但想要做好却很难。不计任何功利，能把普通小事、平凡小事做好，就可以成为伟人。我们要在日常小事上明辨是非，区别善恶，分清美丑，养成良好的道德品质和行为习惯。对每个人讲，从小事做起，从身边事做起，是一种善行的积累和心灵的净化。

做人要坚守底线，自觉自律，不犯糊涂。对待权力，有权比没权好，可如果有了小权，还想着大权，那你就会犯糊涂；对待金钱，它是有用的，可如果把它看作万能的，那你就会犯糊涂；对待美色，能娶个漂亮老婆当然是好事，可如果看到漂亮女人就心动，甚至想占为己有，那肯定会犯错误。

（一）认真做事

认真做好每件事乃至小事对你都是一个机会。有一个蝴蝶效应，亚马逊雨林里一只蝴蝶，轻轻扇一下翅膀，搅动了周围的空气，推动了空气的流动，不久，在遥远海面上，掀起了一股巨大的台风。蝴蝶效应给我们什么启示？一件微乎其微的小事可以造就一个意想不到的结果。

美国前国务卿鲍威尔是牙买加血统黑人，他在美国获得的第一个工作是擦地板。他很聪明，找到一种擦得又快又好又不累的姿势。老板经过长期观察，认为这个黑人青年又聪明又能干，马上提拔起来。后来鲍威尔在他自传中说他参加工作的第一个经验，就是认真做好每件事。

美国希尔顿饭店集团的老板曾经是个站前台的服务员，有一天很晚了，来了对老夫妇要住宿。他一看没房间了，天晚了，老夫妇也回不去了，马上腾出自己的房间趴在前台上睡了一夜。第二天老夫妇一看，非常感动，认为这个年轻人很善良，又有责任感。但年轻人万万没想到，老夫妇正是希尔顿饭店总裁，家族没有子女，后来经过考察，认定他做了接班人。认真做好每件事乃至小事，对你都是一个潜在的发展机会。

有位企业家考察城市投资环境。在A城，他坐在街头上让人擦皮鞋，擦皮鞋大婶的一个动作，让他对A城失去信心：那大婶擦皮鞋时让他把他的一只鞋带解下来，等鞋擦好他付钱后才给他系上鞋带，这个动作让他悟出，这个城市的文明素养有问题，一定是有人擦好皮鞋后没付钱便跑掉了。

在考察B城时，他共坐了五次出租车，下车前，这五位出租车司机都会提醒他，请他带好随身物品。

最终，他把投资落在了B城。B城因他的企业有了五千人上岗就业的机会，税务部门也因此收到上亿元利税。这就是一个擦鞋大婶和几个出租车司机做好小事的影响力。这反映了一个城市的文明程度，影响整个城市的经济和文化。

认真做事，就是用心做事。做事用不用心，认不认真，效果是大不一样的。不管做任何事情，都要有热情、真情、激情，以一流标准、一流态度、一流作风扎扎实实地把工作做好。毛泽东同志指出："世界上怕就怕'认真'二字，共产党就最讲'认真'。""认真"是做人处事的应有态度，更是一种责任意识和思想境界。应当看到，目前讲"认真"的作风有所淡化。比如，有的人心浮气躁，朝思功名，晚求利禄；有的人办事三分钟热度，没有耐性，见异思迁，急功近利，有始无终；有的人责任心不强，马马虎虎，敷衍了事，简单应付，只求过得去，不求过得硬；有的人工作我行我素，有法不依，有章不循，有诺不践……这些行为都背离了“认真”二字。

（二）明辨是非

做一个人，什么是好，什么是坏，要辨别清楚，要有对真善美的追求，有明辨是非的标准，不能良莠不分，是非不辨，做人无原则，做事无规则。善于明辨是非，才能善于决断选择。“学而不思则罔，思而不学则殆。”是非明，方向清，路子正，人们付出的辛劳才能结出果实。面对世界的深刻复杂变化，面对信息时代各种思潮的相互激荡，面对纷繁多变、鱼龙混杂、泥沙俱下的社会现象，面对学业、情感、职业选择等多方面的考量，一时有些疑惑、彷徨、失落，是正常的人生经历。关键是要学会思考、善于分析、正确抉择，做到稳重自持、从容自信、坚定自励。要树立正确的世界观、人生观、价值观，掌握了这把总钥匙，再来看看社会万象、人生历程，一切是非、正误、主次，一切真假、善恶、美丑，自然就洞若观火，清晰明了，自然就能作出正确判断，作出正确选择。正所谓“千淘万漉虽辛苦，吹尽狂沙始到金”。

很多时候，造成人们看不清、辨不明的原因是没有掌握科学的方法。破除思维固化，攫取有效信息，需要学会对照、比较、鉴别。古人言：“君子有三鉴：鉴乎古，鉴乎人，鉴乎镜。”要做到明辨，就要在“鉴”字上下功夫。坚持从事实出发，把握本质主流，执着追求真理；坚持辩证看待问题，真理再向前一步就是谬误，是非判断离不开所处的环境、时代条件，因此，做到明辨就是在变动中把握方向，既要坚持原则和底线，也不能机械僵化。

（三）养成习惯

有个生动事例，反映了一个民族优秀的习惯。有一次，从伊豆半岛西部通往东京方向100多公里的公路上，几乎全线塞车。日本的道路十分狭窄，国道也只有上下两条车道。几乎所有的车都是回东京的，对面来的车很少。这样的塞车可以说蔚为壮观，远远望去，看不到头的车流在一步一步地缓慢行驶。100多公里的路塞车，居然没有出现一个维持秩序的交通警察，也没有看到一辆车从空荡荡的下行车道向前超行，甚至没有人鸣笛催促前面的车辆。日本人耐心地坐在车里，一步一停地向前挪动，挪动，挪动了七八个小时，靠着耐心与自律，他们竟自己把这绵延100多公里堵塞的车龙给化解了。

有句话讲得很到位，知识改变命运，习惯主宰未来。优秀的习惯，可以改变一个人的命运。孔子有句名言："少成若天性，习惯如自然。"意思就是说，我们每个人过去养成的行为习惯，就像天性一样牢固，可以影响和改变我们每个人的一生。行为养成习惯，习惯决定命运。一个优秀的习惯，可以让我们终生受益；相反，一个坏的习惯也可以毁掉我们的人生。真正的成功者，并不是与生俱来的天才，而是真正把勤奋努力、实干担当作为习惯的人；未来的精英，并不取决于你现在有多少知识和能力，更在于你能否坚持终身学习，追求卓越的习惯。大家一定要想明白，今天的习惯，就是自己明天的命运。我们也许无法决定自己的先天条件，但完全可以靠后天养成优秀的习惯，去改变自己的人生，迎来光明的前程。

什么叫习惯？习惯是一种稳定的心理行为。专家研究，人的一个动作行为重复21天，就会是一个初步习惯，一个动作行为重复90天，就可以形成一个长期的稳定习惯。

南美有个足球之乡发生了水灾，一个妇女抱着孩子在阳台上被大水包围了。下面有人喊，让她赶快把孩子扔下来，这位妇女一看，是当地最著名的足球守门员，她毫不犹豫把孩子扔了下去，足球守门员很轻松接住了孩子，紧接着一个动作，一下子又把孩子踢出去了，这就是习惯。

有一年在日本某城市举办足球赛，那是在一个能容纳六万人的体育馆举行的比赛，整个体育馆座无虚席。由于比赛时间长，观众大都带来了饮料、水果和食物。比赛结束后，整个体育馆里竟然没有一张废纸，没有一个塑料袋，没有一个空塑料瓶，这六万名观众好像突然来了，又突然消失了。

习惯，和每一个人如影随形，又深刻影响着每个人的一生。世界大哲学家亚里士多德有一句名言：播种一种行为，收获一种习惯；播种一种习惯，收获一种品德；播种一种品德，收获一种命运。为什么这样讲呢？人生是由无数个行为构成的，意思是说，行为优秀不算优秀，习惯优秀才是真正的优秀。一两个顶尖的优秀行为，也比不上一个优秀的习惯。行为的优秀是暂时的，偶然的，孤立的，缺乏后继性的，习惯优秀才会为行为优秀提供持续保证。

2000年，75位诺贝尔奖获得者在法国巴黎开会，有一位记者访问了一位诺贝尔奖获得者，给他提了个问题：你认为，人生最重要的东西是在哪所学校学习的？他思考了一下说，我认为我人生最重要的东西是在幼儿园学习的，幼儿园老师教育我们，有东西分给小伙伴一半，做错事要承认错误，不是自己的东西不拿，吃饭前要洗手。这都是基本习惯，做人的道理。

有人曾经做过一个调查，对148名杰出大学生进行研究，他们之所以成为杰出大学生，良好习惯是最重要原因。

有人曾经对115名死刑犯做调查，他们从善到恶、从人到鬼，绝不是偶然的，恶习是他们的罪恶之苗、悲剧之根，他们中30%曾是少年犯，61%少年时曾犯有前科，基本上都有劣迹，从小就有不良行为习惯。有一个抢劫盗窃杀人犯，家庭富有，从小就吃香的，穿新的，用好的。他的人生轨迹是，5岁吸烟，6岁喝酒，7岁打牌，8岁赌博，10岁下馆子，12岁下舞厅，14岁亲姑娘，15岁就学会了嫖娼，由此养成三大恶习，嫖，赌，逍遥。他对朋友讲，嫖，赌，逍遥我从小养成，对我来讲像吃饭穿衣一样重要。

有一家外资企业招工，报酬丰厚，要求严格，有些高学历学生过五关斩六将，最后一关是总经理面试。总经理说，你们等我十分钟，我有点急事。总经理走后，这些毕业生围着总经理大办公桌，你看来信，我翻文件，十分钟后，总经理回来了，宣布说面试结束，很遗憾你们都没被录取。这些毕业生很迷惑，面试还没开始呢。总经理说我不在期间，你们的表现就是面试，本公司不录取随便乱翻别人东西的人。这些毕业生全傻了。从小到大没有人告诉他们这一常识，更谈不上习惯的养成。从更深刻意义上来讲，习惯是人生之基，决定人生的成败。

优秀是一种习惯。我们的一言一行都是日积月累养成的习惯。有的人形成了很好的习惯，有的人形成了很坏的习惯。所以，我们要把优秀变成一种习惯，使我们的优秀行为习以为常，变成我们的第二天性。让我们习惯地去创造，习惯地认真做事情，习惯地对别人友好，习惯地欣赏大自然。

世界上公认的七个优秀习惯是：积极处世；确定使命和生活目标；重要的事情先做；双赢的想法，抱着人人都能成功的态度；先理解别人，再让别人理解自己；协作增效；定期让自己得到休整和充电。

美国著名神经科专家约翰·梅迪纳指出，人的一生最重要的习惯有五个：第一，保持好奇心；第二，坚持不懈；第三，失败很平常，要好好失败（享受失败），从错误中学习才能远离失败；第四，别害怕丢脸，特别是想得到一个有价值的东西时；第五，爱这个世界的思想，而不是爱世界的诉求和目的。

（四）笃实践行

脚踏实地做人，扎扎实实干事。道不可坐论，德不能空谈。于实处用力，从知行合一上下功夫，道德修养才能内化为人的追求，外化为人的自觉行动。《礼记》中说："博学之，审问之，慎思之，明辨之，笃行之。"有人说："圣人是肯做功夫的庸人，庸人是不肯做功夫的圣人。"我们每个人都有大好机遇，关键是迈稳步子、夯实根基、久久为功。心浮气躁，朝三暮四，学一门丢一门，干一行弃一行，无论为学还是创业，都是最忌讳的。"天下难事，必作于易；天下大事，必作于细。"成功的背后，永远是艰辛努力。我们要把艰苦环境作为磨练自己的机遇，把小事当大事干，一步一个脚印往前走。滴水可以穿石，只要坚韧不拔、百折不挠，成功就一定在前方等你。

行胜于言是一个人的内在品质。一个实际行动比一打纲领更为重要。君子要"讷于言而敏于行，""耻其言而过其行"。闻一多先生说过，人家是说了再做，我是做了再说；人家是说了也不一定做，我是做了也不一定说。邓小平同志说，世界上的事情都是干出来的，不干半点马克思主义都没有。"观念决定思路，思路带来出路，制度产生活力，操作就有效益。"空谈误国，实干兴邦，我们要用心想事，用心谋事，用心干事。脚踏实地，力戒空谈，干事创业。

（五）自觉自律

自律分为两种：自我约束和自我勉励。光有自我约束不够，人处在消沉、失望甚至绝望阶段时，要有自我勉励的能力。生活中很多人成功过，但昙花一现，根本原因是缺乏自律，忘记自律。事实证明，不能自律的人，迟早是要失败的。成功需要很强的自律能力。别人玩，你工作；别人娱乐，你学习；别人偷懒，你早起；别人休息，你流汗；别人享受，你冒险。这一切，都是你必须付出的自律代价。

第21讲

做人要有清新话语

话语包括话语内容和话语方式。简单讲，话语内容是指讲什么，话语方式就是怎么讲。话语是在人与人之间的互动过程中直接呈现出来的。它是人们所表达的思想观点和某种意图，反映出人们的世界观、价值观和语言思维习惯等。

训练清新话语，是培养做人魅力的有效方法。在人与人交往中，多说真话、实话、心里话，多说言之有物、入情入理的家常话，会增强人格亲和力、感染力，增强话语解释力、影响力。

2012年，北大学者张维迎提出“语言腐败”这个概念，尖锐批评了当前语言腐败造成的严重后果：一是破坏了语言的正常交流功能，导致人们智力退化，大脑萎缩，缺乏理性和逻辑思维能力；二是导致道德堕落，使一些人失去做人的良知，说话不脸红，干坏事不知耻，潜规则公开化；三是导致社会的高度不确定性和不可预测性，危机四伏却以为天下太平，大难临头却茫然不知，面对突发事件来不及应对，甚至导致整个体制的突然坍塌。

一般讲，语言腐败主要表现为长话、空话、套话，其特点有以下几个：

一是都是固定搭配，成套出售的，不管什么会议、什么场合、什么对象，都必讲这一套。套话必空，套话必长，套话必然是废话。

二是都不是自己的话，而是抄袭套用过来的，发明权在上面，上行下效，互相传抄。

三是都不是真心话，而是虚话、假话、言不由衷的话，带有逢场作戏的色彩。

四是老话、旧话，老生常谈，陈词滥调，让人一听就烦。

习近平总书记批评一些领导者不善于言语表达，与新社会群体说话，说不上去；与困难群众说话，说不下去；与青年学生说话，说不过去；与老同志说话，给顶了回去，假大空长这是文风问题。

做人要注意自己的语言表达，讲话清新生动，话语管用到位，要讲具有以下特点的话：

说短话。用最短的时间、最短的话，把要说的道理说明白，这是真功夫。“台上一分钟，台下十年功”，口头表达的功夫始终是素质的展现，讲话一定要有针对性，当长则长，当短则短，意尽言止，深入浅出。“简约是智慧的灵魂，冗长是肤浅的藻饰。”只言片语，可以掷地有声，三五百字也能打动人心。复杂问题简单化是一个人有水平的表现，不容易做到。学问越深的人，说话越凝练。

现在很多人讲话翻来覆去，云里雾里，搞文字游戏，生怕别人不明白，其实自己还是一头雾水。我国改革开放总设计师邓小平的话，就言简意赅，简洁明了，他对社会主义本质的概括就只用了26个字。《古文观止》收文200余篇，都是精短文章。《道德经》仅五千言，却成为千古传诵的学术经典。二战期间，英国首相丘吉尔说过，让我讲五分钟，我要准备两个星期；让我讲十分钟，我要准备两天；让我讲一个小时，那随时都可以开讲。

讲短话需要精心准备，简洁明了，不能“信口开河”。1863年，美国总统林肯的《葛底斯堡演讲》，通篇只有272个英文单词，时间不到3分钟。在这篇简短演讲中，林肯不仅哀悼了在战役中南北双方的死亡官兵，还表达了一个政府存在的根本目的——民有、民治和民享，这篇演讲如今已被公认为世界最著名的演讲之一。这篇演讲正是林肯“精心准备”的结果。林肯曾就“演讲准备”说：“如果我有8个小时去砍一棵大树，那么，我首先会花6个小时去磨斧头。”

说明白话。所谓明白话，就是将缜密的理论用平实通俗的语言讲清楚，将深刻的道理用群众的语言说明白。要贴近实际，贴近群众。贴近群众就是要贴近群众的话语，少一分深奥的语言，少一点从理论到理论的语言，多用简明俗语、形象生动的话语，多说群众听得懂听得进的话语，使思想教育鲜活，富有感染力。大学问家、大理论家说的话都是通俗易懂，深入浅出的。深入而不深奥，浅出而不浅薄，生动而不生硬才是真本领。我们思想教育容易出现的问题是把本来并不难懂的问题，经过理论“提升”，搞得谁都听不懂了。有人提出了一个8岁定律，即如果能把一个难懂的道理，说得能让一个8岁的孩子听懂，那是最理想的表述。把深奥难懂的道理，用最浅显最质朴的话语表达出来，这是思想教育的最高境界。语言朴实，但道理深刻。通俗化不是简单化，更不是庸俗化，是一种更高层次的要求。它是思想美、语言美与形式美的统一，是深刻与简明的统一。

科学发展观的内涵有的专家解释得深奥又晦涩，不明晰。有的人几句话就能讲得非常明白，清清楚楚，一目了然，有专家这样表述：科学发展观就是既要立足当前，也要着眼未来；既要生活小康，也要人民健康；既要金山银山，也要绿水青山；既要物质基础，也要文化推动。非常简洁明了，通俗易懂。

说明白话还要幽默风趣，生动活泼。1943年时任英国的首相丘吉尔参加德黑兰会议，一天上厕所后忘记拉裤链，重入会场，秘书慌忙提示鸟笼放开了。丘吉尔说，可惜呀，里面是一只永远飞不出笼子的鸟，引得现场一阵轻松愉快的笑声。

说管用的话。胡适在《建设的文化革命论》中提出过四点主张：一是要有话说，方才说话；二是有什么话说什么话，话怎么说，就怎么说；三是要说我自己的话，别说别人的话；四是什么时代的人，说什么时代的话。说自己的话，说时代的话，说管用的话，说出个性，说出风格，这不容易做到。现在思想教育有些讲话、文章，说得天衣无缝，出神入化，但都是空话、套话、官话、场面话。这些话让你挑不出毛病，显得无懈可击，但就是不接地气，从天上下来不落地，不管用。有些思想教育报告十几年一贯制，拿着一张思想教育的旧船票，每天都在重复昨天的故事，实在乏味。讲管用的话，就是要讲真话、实话。清新话语体系，不是刻意追求一种什么样的语言风格，而是一种自然、真实的情感流露。既讲“大道理”又讲“小道理”，既讲理又动情，达到情通理顺、润物无声的效果。思想教育话语要来自生活，言之有理，言之鲜明，言之有趣，言之有情，言之管用；要开门见山，简洁平实，直奔主题，联系实际，解决问题。只有形成这样的话语体系，对于传播真理，解疑释惑，凝聚共识，才会管用，才能发挥思想教育的正能量。

习近平总书记在十八大记者会上说：“我们的人民热爱生活，

期盼有更好的教育，更稳定的工作，更满意的收入，更可靠的社会保障，更好的医疗卫生服务，更舒适的居住条件，更优美的环境，期盼着孩子们能成长得更好，工作得更好，生活得更好。人民对美好生活的向往，就是我们的奋斗目标。”这些话实实在在，情真意切，字字句句牵动老百姓喜怒哀乐，真诚朴实，印象至深，非常管用。总书记关于中国梦，不能为一己之私把亚洲乃至世界搞乱的说法，底气十足，体现出一个领导人的本真和真诚，耐人寻味。这都是管用的话。

说问题的话。问题是先导。世界上一切知识学问的积累都是为了解答问题。要树立问题意识，发现问题，提出问题，直面问题，研究问题，回答问题，推动问题解决。思想始于问题，又阐明问题，其价值作用就在于科学地回答问题。因此我们要把握现实问题，以理性的思维和独到的视角发现问题，提出问题，解决问题。切实做到以敏锐的眼光发现问题，以辩证的态度提出问题，以科学的方法分析问题，以正确的理论指导解决问题。

说事实的话。不能从理论到理论，从概念到概念，自我封闭，自我循环。要从实践破题，用实践立论，拿实践论证。实践最有说服力，事实是最硬的道理。要善于用客观事实说话，用典型案例说话，用切身感受说话，把抽象变形象，把概念变事实。运用真理的力量、逻辑的力量，析事明理，使道理鲜活不苍白，生动不呆板，亲切不生硬，增进理解和认同。

说故事的话。讲故事能力是人类很重要的一种能力，也是一个人、一个国家、一个民族实实在在的文化软实力。诺贝尔文学奖获得者莫言是讲故事的高手，他在诺贝尔文学奖领奖仪式上讲了5个故事，深深感染了在场的每个人，莫言在诺贝尔文学奖领奖大会上说:“我是一个讲故事的人。”“这些故事让我坚信真理和正义是存在的。”思想教育是心灵和心灵的沟通，灵魂与灵魂的撞击。讲故事可以用生动的情节诠释情感，用最直白的语言传递信息，用最质朴的方式碰撞心灵，拉近双方的心理距离，增加亲近感减少反感，增加感悟减少灌输，增加情趣减少刻薄，增加感同身受减少居高临下。清新话语要把讲道理与讲故事结合起来，讲好讲活讲深人生故事，讲好讲活讲深中国故事，讲好讲活讲深世界故事，用生动故事激励人们对真善美的追求，达到沁人心脾的效果。

特别要讲好中国故事，倾听当代声音。中国故事，根系我们绵延的历史，又在我们生机勃勃的当代实践中闪光，蕴藏着巨大的能量。每天发生的丰富多彩、多姿多彩的动人故事，可以弘扬主旋律，传递正能量，描绘中国梦。

当然，我们要会讲道理，先把道理讲通，讲理论要接地气，接地气的本质是实事求是，而不是赶时髦，哗众取宠。只有不唯上，只唯实，接地气，才能接得上，接得通，接得好，才能有底气，长灵气，通人气。要让马克思讲中国话，让专家学者讲群众的话，让基本理论变成生动的道理，让根本方法变成管用的方法，这才是本领。

我们要学会转换，把远大理想、核心价值、基本原理、根本方法、深刻主题、崇高境界，用群众的语言来叙述，用身边的典型和事实来展示，用群众喜闻乐见的方式来表达。学会讲故事，学会讲道理，这是要训练的，要有基本功，没有基本功是不行的。

讲清新话语，要多些“说话”，少些说教；多些平等交流，少些居高临下；多些真实体会，少些不痛不痒；多些深入实际，少些闭门造车。要把想传播的信息，想表达的观点融入到娓娓道来的笔触中，融入到巧妙的谋篇叙事中，让话语活起来，亮起来，跳起来，更富有吸引力和感染力。

无论是口头表达的话语，还是文字表达的话语，都是一定思想、理论、文化、艺术、科学、观念的字词表达。话语体系是受思想理论体系和知识体系制约的。这就要求我们提高理论素质，开阔知识视野；加强文化修养，打牢人文底蕴；深入基层一线，了解社情民意；研究人们心理，关注社会变化；多写思想深刻、个性鲜明、语言凝练、文风朴实的文章，多讲群众听得懂，对实际工作有帮助的话；多用简洁明快、通俗易懂、形象生动的群众语言，切实推进话语体系创新。

第22讲

做人要有创新思维

创新思维是一种复杂的思维活动。它具有首创性、独立性和前瞻性特点。所谓首创性，就是想前人所没想；所谓独立性，就是善于独立思考；所谓前瞻性，就是既能适应现实需要，又能看到未来发展。

从学理角度分析，创新性思维有五个特点：

1. 新颖、独特且有意义的思维活动。如前所述，“新颖”是指“前所未有”，“独特”是指“与众不同”，“有意义”是指“社会或个人的价值”。

2. 以思维加想象为内容。即通过想象加以构思，才能解决别人未解决的问题。所以，许多名家提出，在创造的过程中，想象比知识还重要。

3. 在智力创造性或创造性思维的过程中，新形象和新假设的产生带有突然性，称为“灵感”。灵感是长期思考和大量劳动的结果，是人的全部高度积极的精神力量。灵感跟创造动机和对思维方法的不断寻觅相联系。灵感状态的特征，表现为人的注意力完全集中在创造的对象上，所以在灵感状态下，创造性思维的工作效率极高。灵感往往需要“原型”启发，例如小学语文书里描写了鲁班砍树时被丝茅草（原型）割破手而受启发，产生了灵感，发明了锯。

4. 分析思维和直觉思维的统一。人在进行思维时，存在着两种不同的方式：（1）分析思维，即遵循严密的逻辑规律，按概念、判断、推理、证明逐步推导，最后获得符合逻辑的正确答案或做出合理的结论。（2）具有快速性、直接性和跳跃性（看不出推导过程）的直觉思维。前者是“知其然，知其所以然”的、按部就班的逻辑思维，后者却往往是“不知其所以然”的直接领悟的思维。

5. 创造性是聚合思维和发散思维的统一。聚合思维与发散思维是相辅相成、辩证统一的，它们是智力活动中求同和求异的两种形式。前者强调主体找到问题的“正确答案”，强调智力活动中记忆的作用；后者则强调主体寻求一题多解，即要求去主动寻找问题的“一解”之外的答案，强调智力活动的灵活和知识迁移。前者是后者的基础，后者是前者的发展。

做人做事从本源上讲，离不开创新思维。事物之间的普遍联系不是静态的而是动态的，联系的实质是相互作用；事物之间的相互作用必然导致事物运动发展，导致与时俱进，推陈出新。创新思维，就是唯物辩证法这种本质特征的体现。是否具有和保持创新思维，关系着我们能否始终站在时代前沿，始终保持创新的活力。

人的思维是思维主体接受和处理信息的一种意识活动，中国人与西方人的思维方式是不同的。

中国人是整体性思维，西方人是个体性思维；中国人是形象思维，而西方人是逻辑思维；中国人是复杂思维，西方人是简单思维。有人曾对500位亚洲职业经理人与美国职业经理人做了这样一个调查：母亲、妻子、孩子掉进河里，只有你会游泳，你先救谁？结果，美国职业经理人中有65%选择了先救小孩，35%选择了先救妻子，没有人选择先救母亲。他们认为母亲年老，已经生活过了，而小孩的生命才刚刚开始，应当给他一个生存下去的机会。而亚洲职业经理人中有90%选择了先救母亲，只有10%选择了先救妻子或小孩。他们认为生命是母亲给的，也是母亲将他养育成人的，应该回报母亲。如果没有妻子和小孩，还可以再娶妻子或再生子。

在创新过程中，需要各种各样的思维方式。思维方式常用的有：点式思维、线式思维、矩式思维、立体思维、多维思维和系统思维等。简单地说，主要是三种思维。

第一种，发散思维。

发散思维，指人们打破传统，抛弃常规，自由自在地向不同领域、不同方向进行拓展而开发的创造性思维。它将不断抛弃旧答案，开辟新领地，扩大新视域，构建新范式，做出新发展。

具体讲，所谓发散思维，就是同一个问题沿着不同方向去思考，寻求多种解决方案，在多种方案中寻求最佳选择。发散思维是多方面、多思路思考问题，体现了思维的开放性、创造性。世界本来就是多样的，作为人们认识结果的答案也必然多样。人的认识是渐进的，要求人们用一种答案去认识问题，就有可能固囿人的正确认识。人各有个性，有自己独特视角，一种答案会限制人的独特的个性发展。

发散思维就是对一个问题可以产生层出不穷的联想，可以有许多种答案式的思维模式。通俗讲，发散思维就是想象力，如果你的思维模式是发散思维，那说明你想象力丰富。收敛思维是对一个问题只能一个答案的思维定式，就是俗话说的“一根筋”。遇到问题的时候，就是老师怎么说的，领导怎么说的，书上怎么写的，没有自己的独立思考。

大家知道，创新就是做前人没有做过的事，思维模式必须是发散的，如果是“一根筋”，别人怎么做你也怎么做，一条路走到头，那你永远都不可能创新。

美国创造性思维研究之父吉尔福特出过一道著名题目，题目非常简单：一块红砖有什么用途，让大家用发散思维思考。

一个学生回答：一块红砖能够造房子，造大房子、小房子，造大山。按照当时混凝土浇灌的水平，红砖能够造房子。老师说：“你水平太低了。”于是，大家继续用发散思维想，一块红砖有什么用呢？

有一个学生说：“昨天礼拜天，我爸爸领着我们全家到郊外去。可是我妈妈肚子不好，不愿意吃冰箱里的东西，我爸爸就找了几块红砖，一把野火点着了，把红砖烧热了，红砖就起了锅的作用。”

老师说：“好，你真能发散。”

又一个学生说：“我爸爸找锤子钉钉子，找了半天也没找着，嘿，怎么办，拿起一块红砖，砰砰砰，几下钉子就进去了，就解决问题了，红砖当锤子、榔头使用。”

第四个学生反应更快说：“今天早晨我上学，看到一只野狗向我扑来了，我拿起一块红砖向野狗的脑袋砸去，野狗就跑了，红砖头当武器。”

吉尔福特就喜欢这个，一题有多解。

吉尔福特在创造性思维的研究上做了大量的工作，他认为创造性思维的基础是发散思维，由发散思维表现出来的行为，代表一个人的创造力，这种能力具备变通性、独特性和流畅性三个特征。所谓思维的变通性，是指具有创造能力的人的思维变化多端，举一反三，一题多解，触类旁通。类似于“一块红砖有什么用处”这样一题多解的试题，回答者从建筑材料展开到十余种用途，表现出良好的变通性。

所谓思维的独特性，是指对问题能够提出不同寻常的独特、新颖的见解。例如，对故事“一个哑巴妻子被医治好了，丈夫却为妻子变得唠唠叨叨而苦恼，从而想让医生把自己变成听不到妻子唠叨的聋子”加以命题，结果出现“聋夫哑妻”、“无声幸福”、“开刀安心”等独特、新颖的命题，表现出良好的思维独特性。

所谓思维的流畅性，是指思维的敏捷性或速度。也就是说，创造能力高的人，思维活动则多流畅，少阻滞，能在短时间内表达众多的观念。

西方有一个典型案例，树上有八只鸟，猎人朝树上开了一枪，问问树上还有几只鸟。一般中国学生都这样回答：老师，没鸟了。如果哪位同学说树上还有鸟，大家都说他是大笨蛋，脑子没有急转弯。国外学生不是异口同声，而是七嘴八舌，一个同学说：老师，树上还有三只鸟，枪声响了三只鸟是聋子没有听见，逻辑合理。

第二个同学说：老师，树上还有七只鸟，打死那只鸟是妻子，她的丈夫也在树上，妻子死了丈夫哪能逃之夭夭啊，丈夫平时和另外六只鸟关系相处也不错，另外六只鸟愿意和那个丈夫一块为妻子送葬。逻辑也合理。

第三个同学说：老师，树上还有14只鸟，被打死这只鸟长得很漂亮很有魅力，其他树上有七只鸟都曾经追求过它，和它有很深感情，都愿意飞到这棵树上，和这棵树上的七只鸟一块为它送葬。逻辑也合理。

同样的问题，我们的学生就是一个答案，标准答案，同一思维，异口同声；国外学生七嘴八舌，发散思维，多种答案，这就是发散思维。

现在我们的教育不注意培养学生发散思维，而是非此即彼，标准答案式的教育。如某地小学六年级《思想品德基础训练》上有这样一道选择题，内容是："现在努力学习文化知识是为了什么？"题中给了三个备选答案："1. 将来找一份好工作；2. 建设现代化强国；3. 报答父母的养育之恩。"许多同学分别选择了1或3作为答案，而标准答案只有2，其他的任何选择都是错误的。这个小例子看起来有些幼稚好笑，但恰恰说明我们的教育有多么教条。搞标准答案，要求学生死背教条、死背标准答案，脱离实践，脱离现实。这看似是个教学小环节，但却是教育的一大病根，生龙活虎的学生被"产品化"了，师生的创造性被扼杀了，想象力被抑制了，从某种意义上说，这不是一个小病，而是一大致命的病根。

训练发散思维要学会转换视角，多从积极因素着眼，角度一换别有洞天。什么叫换种角度，比如，学校每年为学生举行毕业典礼时，都要组织学生拍毕业照。拍照往往安排在7月份，天气很热，虽然拍的时候会提醒学生睁开眼睛，但是总有人照出来是眼睛闭上的。我们可以换个方式来处理这个问题，先让大家把眼睛闭上，数"一二三"，让大家一起把眼睛睁开，这样拍出来的效果可能更好，这就是换种方式考虑问题。

不同角度看问题会有不同答案，一位国外教授问中国留学生："北京大不大？"中国留学生说："说大也大，说小也小！"教授说："这怎么解释呢？"中国留学生说："这要看从什么角度看。如果从井底往井口看，井口都很大，北京当然大啦!如果从月球上往地球上看，地球很小，北京当然就很小啦！但如果从银河系来看太阳系，太阳系就可能是一个玻璃球，而地球可能是一粒灰尘，北京就什么也不是了！”

我们常说的换位思考，其实也是发散思维。有一个经典的哲理故事：

有位秀才第三次进京赶考，住在一个经常住的店里。考试前几天他做了三个梦，第一个梦是梦到自己在墙上种白菜；第二个梦是下雨天，他带了斗笠还打了伞；第三个梦是梦到跟心爱的表妹脱光了衣服睡在一起，但是背靠着背。这三个梦似乎有些深意，秀才第二天就赶紧去找算命的解梦。算命的一听，连拍大腿说：“你还是回家吧。你想想，高墙上种白菜不是白费劲吗？戴斗笠打雨伞不是多此一举吗？跟表妹脱光了躺在一张床上了，却背靠着背，不是没戏吗？”秀才一听，心灰意冷，回店收拾包袱准备回家。店老板非常奇怪，问：“不是明天才考试吗？今天你怎么就回乡了？”秀才如此这般地说了一番，店老板乐了：“呦，我也会解梦的，我倒觉得，你这次一定要留下来。你想想，墙上种白菜不是高种吗？戴斗笠打雨伞不是说明你这次有备无患吗？跟你表妹脱光了背靠背躺在床上，不是说明你翻身的时候就要到了吗？”秀才一听，很有道理，于是精神振奋地参加考试，居然中了个探花。

积极的人心态像太阳，照到哪里哪里亮，消极的人心态像月亮，初一、十五不一样。想法思维决定我们的生活，有什么样的想法就有什么样的心态，一分为二，换个想法，会更好。

有位企业家坚持一个信条，就是每次做生意先把别人赚的钱算清楚，然后算自己赚的钱。说只有让别人赚钱，别人才让自己赚钱。换位思考会获得更多先机。谁都不是傻子，生意上稳固的朋友就是靠这种换位思考打造的。为人处事也是这个道理。

遇事不要急于下结论，即便有了答案也要等等，也许有更好的解决方式。站在不同的角度，就有不同的答案，要学会换位思考。

第二种，求异思维。

中国比较注重求同思维，西方注重求异思维。西方商品经济发展早，商品经济规律要求更新换代，标新立异，求不同，求差异。我国传统文化是“和为贵”，讲究“求同”。

有这样一个故事：犹太人在一个小镇开了一所加油站，生意特别好，然后第二个犹太人来了开了一家餐厅，第三个犹太人就开了一家超市，多年后这个地方发展成了繁华的城市；同样的，中国人在一个小镇开了一所加油站，生意特别好，第二个中国人来了开了第二个加油站，第三、四个中国人同样开的是加油站，最后这个地方石油没了，投资者扬长而去，小镇还是以前的小镇。

当看见市场上某件产品火了，一窝蜂的投资固然是由资本趋利性决定的，然而简单求同不是创新思维的土壤，不同个体间的互动才可能激活创新的灵感。

西门子总裁讲过一个例子，很能说明问题，他说：“今年我接待了16个中国代表团，这16个代表团最后离开时说的话，我归纳起来都是这样三句话：第一句话是你们的国家是美丽的，第二句话是你们的人民是友好的，第三句话是你们的接待工作是成功的或者我们是满意的，用词不同，意思就三个，我就不懂了，北京到法兰克福八千八百公里，万里迢迢到了异国他乡，你们为什么找不到一点不同呢？”

这位总裁说，年底又接待了一个中国代表团，这个中国代表团最后走的时候，给我们提了三条意见。

第一，在德国有三万个中国留学生，你们为什么不把你们的介绍材料经我们的留学生早点翻译成中文呢？这样我们看起来很方便，难道你们连这样一点翻译费也出不了吗？

第二，你们为什么老是在办公室讲，能不能让我们多参观参观你们的实验室、工厂？我们来一次不容易，得多参观参观。

第三个意见更厉害，你们天天是果酱、黄油、面包、起司，牛肉又没烧熟，血淋淋的牛肉给我们吃，现在我们的胃都弄坏了。你们能不能给我们做点泡饭或者汤面，让我们的胃也舒服一点？这就是不同声音，不同意见。

在美国一所中文学校里，华裔老师按中文教材《愚公移山》讲了愚公不屈不挠，带领几代人把屋前的大山挖走的故事，说明这种精神多么伟大和了不起。可美国小学生纷纷发言提出不同看法。一个孩子说："愚公为什么不在山中开个隧道呢？那样省事多了。"另一名小学生建议："他们把家搬到山那边不就好了吗，何必费那么大的劲？"孩子们你一言，我一语，居然全是质疑，最后还得出结论：移山破坏了自然环境，现在是不允许这样做的。

一位领导干部做完报告后，问大家，你们认为我今天讲得怎么样？如果有两位干部回答，一位说，领导，你今天讲得特别精彩，观点我完全赞成，受到的启发教育很大；另一位干部说，领导，我想找个时间和你交流一下，因为有些观点我不太赞成。如果这位领导具备求异思维，善于接纳不同意见，那么在这位领导心目中，会很看重第二位要找时间跟他交流的干部。这是一种求异。

第三种，直觉思维。

我们许多人都会有这样的体验：当我们与一个陌生人初次接触，近距离观察他的举止言行，并且和他进行直接交谈，有时很快会得出印象：这是一个心地善良的好人。在以后的交往中，这个初次印象还能够一再被证实。有人把这叫作“第一印象”或者“第一感觉”。其实，这是人在认识实践中经常出现的现象，在认识论中一般被称为“直觉”。这反映了直觉的特殊认识功能。在人的认识过程中，与其他的一些认识形式相比较，直觉为什么会具有这样的特殊功能呢？很显然，这是由直觉认识形式的特殊性决定的。

人们通常认为，人的思维的最终目标是获得对人的本性或者对事物的本质的真理性认识，而且一般来说，是要靠哲学上所说的理性思维，即逻辑思维，通过形成概念，进行判断和推理等过程，从现象到本质，一步一步达到的。但是，直觉这种认识形式与此却截然不同，它没有这样复杂的认识过程，它简单、直接，而且能够马上得出认识结论。这是直觉思维的特点，由于直觉思维方式的这个特点，哲学家们把它与理性思维相区别，称为非理性思维。

什么是直觉呢？有一种观点认为，直觉一词来自拉丁文intueri，原意是“凝视”、“观看”。在哲学中，直觉是指认识主体对客观世界复杂现象中真相、本质、规律等的直接察觉、把握、顿悟的能力。这就是说，直觉在认识过程中有明显的感性认识特征，但是，它又是认识事物的本质、规律等的特殊认识形式。爱因斯坦说过，人类的认识使命是要得到那些普遍的基本定律，而“通向这些定律并没有逻辑的道路，只能通过那种以经验共鸣的理解为依据的直觉，才能得到这些定律”。可见，在天才的发现中，直觉这样的认识方式并不是可有可无的。

直觉是洞察事物的一种特殊思维活动，是对事物或问题不经过反复思考的一种洞察。简单说就是当一个人面对复杂事情时，不经过分析推理就能够迅速地抓住问题的关键，并且找到解决办法的能力。实际上每个人都存在直觉，只不过大多数人没有意识到它，而且应该说我们过去几十年忽略了它，没有认真去研究它更没有去强调它。

对不同的人说同样的话，有的人你怎么说他都不明白，而有的人一点就透，而且能做出正确选择。政治家很喜欢讲他的直觉。比如说有几个方案，哪个方案能做，哪个方案不能做，如果让学者研究起来，研究十年也不一定研究得清楚。各有各的好处，各有各的害处，各有各的道理，各有各的风险，但是政治家往往会有一种直觉，三个方案一比较就知道了。他实际早就决定了。

对于那些处于风险环境中的政治家，特别是当他们需要迅速作出判断，或者是需要临时决断的时刻，直觉认识能力具有特殊的价值。

每个人实际上都有两种能力。一种是理性就是逻辑推理能力，逻辑就是讲道理，一步一步推；另一种就是直觉，直觉是不讲道理，却在面对复杂问题的时候能迅速地找到办法解决问题。

日本物理学家汤川秀树，是日本第一个获得诺贝尔物理奖的。他从小就受中国文化教育，他比较了两种思维方法，写了篇叫《创造力与直觉》的文章，认为中国式的思维方法源于老子、庄子和孟子，强调通过直觉认知真理。西方的思维方法，从希腊苏格拉底、柏拉图开始，后来被牛顿和爱因斯坦发展到高峰，强调分析推理思维方法。他说这两种方法其实都有优点，应该互补。汤川秀树讲，很可惜在世界上大家都非常重视西方的分析推理思维方法，忽略了中国先哲的直觉式的方法。

直觉思维是什么样的思维呢，是知其然而不知其所以然的思维。心理学认为在思维的过程中，用突然顿悟、突然理解来直接解决问题的思维，叫直觉思维。它有六种特点：1. 来得快。2. 来得直接。3. 他知道他的整个思维推导过程。4. 具有个性。5. 坚信不移，认为自己答案对。6. 或然性而不是必然性。因此爱因斯坦说：“直觉思维是创造性思维的萌芽与基础。”

过去我们都把理解作为学习的第一要义。只有理解了才算学懂了，才能去做、去实践，否则实践就是盲目的，非理性的。我们做实验，动手操作仪器，首先要熟读说明书。“不懂道理，不能操作”成为戒律。学习一定要按部就班，没有学懂前一部分内容，不可跳过去学后一部分。这似乎也成为学习的金科玉律。但是，现在的孩子不这样。你看，十来岁的儿童玩起手机、数码相机、MP3，甚至计算机来，一点道理不懂，按鼠标、敲键盘，三五下就学会使用了。他从尝试和记忆中感悟到正确的使用程序。这不能不说是一种进步，一种跳跃的学习和思维方法，是直觉思维。

培养悟性是提升直觉思维的必修课。对有的人说十句他懂三句，对有的人说三句他想到十句，这就是悟性不同。悟性决定思维能力，悟性是打开思想宝库的金钥匙。悟性好的人善于举一反三，触类旁通。悟性靠积累。悟性总是从渐悟而来。知识阅历沉淀多了，思想之土肥沃了，就生长出悟性之花。

培养发散思维、求异思维、直觉思维要多向社会学习，向实践学习，向周围能人学习。积极参加社会实践，特别要学会利用社会优质丰富的资源，培养自身观察事物能力，通过多种方式锻炼自己。

培养创新思维，要特别注意克服影响或制约创新思维的三个因素：思维定势，从众心理，崇尚权威。

影响创新思维的首先是思维定势。人的思维一旦形成思维定势，它就有了相对稳定性。也就是说，一个民族在历史长河里形成一种思维模式，它不会今天明天就改变，甚至不会今年明年就改变，更不会从一个中国人的思维方式变成一个外国人的。它总有一定的稳定性。

所谓“思维定势”，意指人们对事物和周围的生活现象，形成了一种固定的观念和评价标准。在他们看来，现成的一切东西都是“完美无缺的”、“理应如此的”，对周围的一切现象也都司空见惯了。这种人就是通常所说的“脑子不转弯”或“脑子里少了根弦”的人。如果一个人对一切都“司空见惯”了，对现成的一切都满足了，那么他就不会去发现新的东西，也不会变革现成的东西，因而这种人是决不可能有创造性的。

从全球手机产业来看，一开始的成功者是摩托罗拉，因为它是模拟时代的成功者。但很快就被诺基亚超越，因为诺基亚是数码时代的成功者。再后来诺基亚又被苹果所超越，因为苹果是互联网时代的成功者。这些企业的成败，关键在于能不能跟上时代的变化，不能跟上时代的变化就被别人超越。所以对我们来讲最大的挑战就在于不能有思维定势，要永远面对颠覆性的创新，这个颠覆性的创新就是每个人思维定势的自我颠覆。

DNA结构模型的发现就与科学家的个性思维密不可分。英国的两位科学家威尔金斯和富兰克林长期研究DNA分子结构，并最先拍摄到了非常清晰的X射线衍射照片，里面蕴藏了DNA结构的许多证据。令人遗憾的是，面对近在咫尺的真理，他们未能打破思维定势，迈出“人类的一大步”。当这张照片到了年轻的博士沃森和克里克手里，却点燃了这两位的思维火花。他们大胆设想：只有双链的DNA才会显示出这样的清晰漂亮的图形。经进一步研究，这一假设最终得到验证。

以马车改进为例，就马车而言，很多东西可以研究，如研究马的育种、饲养、驯服等，又如研究轱辘、研究车体结构等，可以形成许多成果，但是这些都仅仅局限在牵引式思维的思路下，成果再好也不能够超出马跑的速度。当人们跳出传统的牵引式思维模式，转入驱动式的思维方式，通过不断的创新就有了蒸汽机、火车、飞机、轮船、宇宙飞船等。这个例子旨在说明传统研究的许多思路需要突破，思维方式不转变，可能会大大影响我们创新的进程。

古希腊哲学家赫拉克利特有一句名言：人不能两次踏进同一条河流。原因就在于新的水流过你的身边，流过的水已经不是原来的水了。时代也是一样，时代每天都会有变化，每个人都要根据时代的变化不断颠覆自己的思维定势，才能不断创新。

古希腊哲学家苏格拉底带弟子出游，途中看见一个小湖，便问弟子，你们说这湖水有多少桶？弟子们犯难了，这么大的湖能有多少桶水？有的说要先算出湖的体积，有的说要把水一桶一桶地舀出来才知道。最后，苏格拉底问他最得意的弟子柏拉图。柏拉图回答：这要看桶有多大，如果和湖一样大，就是一桶水；如果桶有湖的一半大，就有两桶水，以此类推。苏格拉底说，这就是正确的答案。那些弟子犯了什么错误呢？他们一说到桶，就想到的是普通挑水用的桶，犯了思维定势的错误。

世间万物，变动不居。“明者因时而变，知者随事而制。”形势发生了变化，我们的工作思路和手段也要相应调整。人们在长时期的工作生活中，都会形成一定的思维定势。而面对社会信息化、受众个体化、新兴媒体异军突起，“人人都有麦克风”的大变局，如果按照思维定势和原来的运作方式进行工作肯定行不通，只有打破思维定势，着力推进创新，才能掌握工作主动权。

影响创新思维的另一个因素是从众心理。人云亦云，没有自己的独立主见。

网上现在流传一句话，“我们每个人生下来本来都是原创，靠，我们活着活着就活成了盗版，还有好多人最后活成了山寨版”。为什么呢？就因为我们没有自我，只有偶像，老想成为别人，最后把自己活成了盗版，而良好的自我就是让人生成为精彩的原创，不可替代。

影响创新思维的第三个因素是崇尚权威。权威值得我们尊重，但尊重不是迷信和盲从。诺贝尔奖获得者美籍华人丁肇中介绍他一生中最重要的五个试验成功的体会，就是科学要多数服从少数，只有少数人把多数人的观念推翻之后，科学才能向前发展。

我们知道，犹太民族有着几千年的历史，在科学领域里创造了许多辉煌。犹太人口只占世界人口的0.2%，却获得了20%的诺贝尔奖。这主要得益于他们先进的教育思想，即敢于挑战权威。中国学生回家后，家长一般会问：今天老师问了你什么问题？而犹太学生回家后，家长会问：你今天向老师问了什么问题？家长还会问：你问了什么问题老师没有回答上来？敢于质疑，善于质疑，是犹太文化的一个秘密，也是犹太民族保持巨大创造力和旺盛生命力的最重要原因。

培养创新意识，就是从培养创新思维开始。这个规律是先要怀疑，怀疑了之后才能去比较，才去批判，批判了之后才有自己新的观点产生，才能产生创新意识。

克服思维定势、从众心理、崇尚权威，首先要学会批判性思维，具有科学的批判精神，这是知识创新的前提；同时，要善于辩证思维，这样才能抓住问题的本质和关键，学会有所为，有所不为。我国一位著名信息研究专家认为，“相信自己”、“坚持到底”、“不迷信权威”、“挑战自身能力极限”，对于创新思维培养非常重要。要从独立生活开始，学会独立思考，培养独立人格。独立生活是一种自主自立的生活态度，能够独立面对和处理生活学习中的困难与选择。独立思考是一种实事求是的思想方法，遇事不跟风、不盲从、不随波逐流。独立人格是一种不依附他人权威，具有自我人性与追求的精神品格。只有学会独立思考，具备独立人格，才能建立批判性思维，克服思维定势、从众心理、崇尚权威。

第23讲

做人要有创新意识

培养创新意识，要注重提升好奇心、想象力、洞察力、思考力、兴趣等基本素质。

一、好奇心

前段时间，某研究机构请来一位著名专家作报告，内容和演讲都堪称精彩，但令人失望的是，满满报告厅上百人，最后竟没有一个人提问，难道是大家除了自己的“一亩三分地”，对别的科学都没有了好奇心？还是知识面太窄问不出问题呢？或者只是害羞，不敢问呢？那么，是什么掩盖或压制了好奇心呢？

好奇心是人类乃至很多动物天生具备的东西，它代表了求知欲，喜欢探索不了解事物的心理状态或情感行为。居里夫人说过：“很多人都说我很伟大很有毅力，其实，我就是特别好奇，好奇得上瘾。”爱因斯坦也说过类似谦虚的话：“我没有特别的才能，只有很强的好奇心。”好奇心无疑是人类认知世界的主要驱动力。

其实，我们每个人都有好奇心，童年时候或许是受到了“童言无忌”的呵护，能够毫无顾忌地问这个问那个。慢慢地，我们被教会了什么该问，什么不该问；什么时候可以问，什么时候不能问，这可能是应试教育的结果。

好奇心是创新能力的基础。创新开始于好奇，有了好奇才会思考，有了思考，才有创新的方法，找到独立思路的可能。有好奇心不一定有创造，但没有好奇心，一定没有创造。培养创新思维，必须有强烈的好奇心，狂热的追求。好奇心是人类为了生存和发展所孕育的天赋。当你付出了99%的汗水时，可能正是好奇心所带来的那1%的灵感，会让你脱胎换骨，从此迈入更高的境界。

小孩会问幼稚的问题，为什么荷叶上的水珠是圆的？为什么会有涨潮和落潮？为什么同学的皮肤是黑的？为什么我是男生？大多数孩子在长大过程中会停止继续询问，因为他们觉得这是天经地义的自然现象。但是有些孩子会继续问，甚至一辈子在问，他们会问，为什么人的高度在1～2米左右，而不是5～6米？为什么烟会发散而不会凝聚？这些怀着永远童心的人后来成为学者，通过自己的探索，找到问题的答案。这种探索，久而久之，后来不仅是为了得到答案，而成为自我实践、自我认同。很多科学家把探索问题作为科学研究的金钥匙，都取得了辉煌的成就。

在当今社会急功近利的浮躁氛围下，青少年要完成人生最重要的成长转变，这就是要从习惯听话到主动提问，从被动学习到发现问题，从跟随别人到独立思考。

一个人如果做什么事情都没有好奇心，不太可能有很大成就。爱因斯坦说他四五岁时候，父亲给他一个礼物，就是指南针，他看了一下子就有了强烈的好奇心，发现这个针永远往一个方向摆动，他觉得这背后肯定有重要原因，很想搞清楚，这就是好奇心。

培养好奇心，就是要敢于大胆提问，大胆怀疑，标新立异，异想天开，奇谈怪论，别树一帜，甚至可以胡思乱想。创新需要奇思妙想。但奇思妙想与胡思乱想是双胞胎，二者很难分清楚。不少卓有成就的创造者往往就是从胡思乱想开始的，继而变为奇思妙想，从而出奇制胜。

好奇心缺乏的原因，首先是思维感知范围有限。中国人思维感知的区域似乎局限在眼睛能够看到的范围之内，因而对万事万物的好奇心似乎只有儿童才有。如果成人表现好奇就会被认为不成熟。西方人的思维感知区域似乎是无穷无尽的，他们对眼界之外的世界有天生的好奇心，而且为了探索未知的奥秘发明了各种各样的的工具。在土地和财富不够时，利用帆船和罗盘去寻找新大陆；在需要冲破视野局限时，发明显微镜来观察微观世界，发明望远镜来洞察宇宙深处。

其次，独立人格的缺失。在家听父母的，在课堂上听老师的，在单位里听领导的，在工作中听师傅的，有疑难时听大家的。听话，听话，还是听话，在这种环境中，很难培养创新人才。

青年作家张宏杰曾这样写道：在中国传统文化中，好奇心、探索欲、创造力、新鲜事物等词汇都不是正面的，它们与另一些可怕的词汇紧密相联：不安分、破坏性、颠覆。其实，与其归咎为传统文化，不如说是两千多年的封建专制遏制了中国人的好奇心。

二、想象力

想象力是指在知觉材料的基础上，经过新的配合做出新形象的能力。它是一种能促进人类预想不存在事物的独特能力，是所有发明和创新的源泉。爱因斯坦说过："想象力比知识更重要，因为知识是有限的，而想象力是无限的，想象力是知识的源泉。”

作为人认识能力的想象力，它的基础要素是想象。一般来说，想象是一种心理学上的概念，想象是指对于不在眼前的事物想出它的具体形象，比如设想等。进一步还可以指出，想象是人们头脑中原有的表象经过加工改造和重新组合而产生新的形象的心理过程，是一种高级复杂的认知活动。形象性和新颖性是想象活动的基本特点，它主要处理图形信息，以直观的方式呈现在人们的头脑中，而不是以词语、符号，以及概念等方式呈现。

由此可见，所谓想象力，那就是人们所具有的想象的能力。具体来说，想象力指在知觉材料的基础上，经过新的配合而创造出新形象的能力。由此进一步，我们还可以指出，所谓想象力就是人们在已有知识的基础上，通过分析和综合的复杂思维过程，在自己头脑中创造从未有过的观念或者思维画面的能力。

推进一切工作与事业都需要想象力。脚步不能到达的地方，想象力可以到达。想象力决定梦想，没有想象力就没有梦想，没有梦想就没有激情。想象力决定方法，另辟蹊径是到达目标的有效方法。想象力决定凝聚力，没有想象力的团队是没有凝聚力的团队。想象力是飞翔的翅膀，有了它，才会在辽阔的天空中翱翔。

很多事情只有想到才能做到。人类以前许多幻想与梦想，在20世纪基本都得到实现。比如说“千里耳”，当今世界发明了手机；古代有“嫦娥奔月”的传说，20世纪60年代“阿波罗”成功登月。只有想到，才可能做到；如果你连想都想不到，或者连想都不敢想，那就肯定做不到。

治理国家、建设国家要靠想象力。《美国商业周刊》刊文称，美国的公司已经率先进入到一个由想象力和创造力主宰的新经济阶段，数字和科技不再是衡量公司竞争力的唯一标准，想象力和创造力是检验的标准。新加坡前任总理李光耀在《心在工作》一书中谈到，全世界任何国家在独立的时候，无论是领导人，还是人民都兴高采烈、欢天喜地，只有新加坡在独立的时候李光耀哭了，为什么呢？当时新加坡只有140万人口，土地不足500平方公里，连净水也没有。李光耀讲，他们一无所有，怎么样把遭遇变成为机遇，就是要用心，要用想象力。新加坡没有领空，飞机一起飞就侵犯了别人的国界，但是它发展了全世界最好的航空；新加坡没有净水，但它发展出了最好的改造水的技术。

科学发明创造要靠想象力。人类历史发展充分证明了想象力的重要。古今中外，伟大的科学家、发明家、思想家、艺术家都是有丰富的想象力，很多伟大的科学理论和发明创造都萌芽于想象。

波兰天文学家哥白尼在提出“太阳中心说”前，想象“太阳坐在宝座上率领着周围的行星家族”；德国化学家库勒在分子结构理论研究中，把原子设想为一条条头尾相连的环形蛇；英国物理学家法拉第想象磁一定能产生电，提出了电磁感应原理。要成为科学家，创新，创造，必须要有想象力。

1895年，英国物理学家威尔逊想要测量飞跃的电子轨迹，但当时没有办法。有一次他休假登山，山大概有两千多米，因为上面的饱和蒸汽压比较低，所以经常有云雾，他联想到，在实验室里是不是可以创造云雾室，成为探测研究带电粒子和射线的重要仪器，后来，至少有6位以上的科学家因为云雾室的实验获得了诺贝尔物理学奖。

市场运作要靠想象力。有一个故事形象生动。一日，爹对儿子说：“我想给你找个媳妇。”儿子说：“可我想自己找。”爹说：“但这个女孩是比尔·盖茨的女儿!”儿子说:“这样可以。”

爹又找到比尔·盖茨说:“我给你女儿找个老公。”比尔·盖茨说:“不行,我女儿还小!”爹说:“可这小伙子是世界银行的副总裁!”比尔·盖茨说:“这样,行!”

最后,爹找到世界银行的总裁说:“我给你推荐个副总裁!”总裁说:“我有太多的副总裁,不必了。”爹说:“可这小伙子是比尔·盖茨未来的女婿!”总裁说:“这样呀,那请他明天就来上任吧!”

初看故事,哑然失笑:玩“空手道”的高手,实在是高啊!如果真有其事,那这位老爹也堪称“超人”、“超爹”了!而更让人感叹的是那原创故事的人奇思妙想,这就是想象力。而后续的故事是:儿子娶了盖茨的女儿,当上了世行的副总裁;盖茨得到了世行的大笔办公软件定单;世行获得了盖茨的大笔存款;老爹成了盖茨的亲家,皆大欢喜。真是不怕做不到,就怕想不到。

人的想象力要靠培养。想象力是人类为了生存进化出来的基本能力。想象力对人类至关重要,想象力使我们发明了工具、武器、枪炮,使人类变成了世界上最强大的物种。我们要以开放的心态看待一切,以开阔的视野观察万物,以创新的思维挑战权威,以丰富的想象超越前人,在广阔的未知世界中自由徜徉,在激情碰撞中不断升华。

三、洞察力

洞察力就是跟别人看同样的事物,你能看到别人看不到的事情;与别人看同样的事情,你看出了别人看不出的意义。具有丰富生活经验的人,在面对复杂情况的时候能迅速思考和推理,并找到问题关键,找出解决办法,这就是洞察力强的表现。

政治上紧要关头的重大决断，军事上关键时刻的出奇制胜，商场上巨额投资的机遇把握，靠的都是准确判断的洞察力。洞察力就是俗话说的“一眼看穿”的能力，它表现在能迅速地透过现象抓住本质，表现在对一些表面上似乎不同的事物，能够迅速找出它们共同的原因或彼此的联系。

克劳塞维茨在《战争论》中说：这里对较高的智力所要求的是综合力和判断力，二者发展成为惊人的洞察力。具有这种能力的人能迅速抓住和澄清千百个模糊不清的概念，而智力一般的人要费很大力气，甚至要耗尽心血才能弄清这些概念。

这里，大家可以思考一个问题，为什么许多人在大学时是高材生，但后来在科研上却做不出成绩，遇到复杂问题就一筹莫展？归根到底在于缺乏洞察力。国外的科学家评价一个人，最喜欢说的是某某对科学有很好的感觉，也就是很有洞察力，好的洞察力不是靠几节课或读一些书获得的，最好的办法是在实践中锻炼自身悟性。

四、思考力

孔子说：“学而不思则罔，思而不学则殆”。思考在认识世界和改造世界中具有决定性作用。思能深化，思能超越，思能创造。宋代禅宗大师青原行思提出参禅的三重境界：看山是山，看山不是山，看山还是山。人的认知也有这三个境界，每一境界深化与超越的关键是思考。看山是山，这是形而下的表象，是原型；通过思考达到看山不是山，这是形而上的抽象，是模型；再通过思考达到看山还是山，这是形而下与形而上统一后的具象，是实形。

思考是创新的关键。只有独立思考，才能融会贯通，才能由多而少，由博而一，由现象到本质，由无序到规律；只有独立思考，才可解放思想，向传统挑战，才能不安所学、不溺所闻，才能有创新、有发展。爱因斯坦曾讲：“学习知识要善于思考、思考再思考，我就是靠这个方法成为科学家的。”思考从质疑开始，经过疑惑或质疑后，才可达到深信无疑；经过疑惑或质疑后，才可达到深刻理解。

五、兴趣

没有兴趣就没有发展，没有兴趣就不能形成内在的、持久的动力。中国人并不缺乏智慧和知识，也不缺乏刻苦和勤奋，最缺乏的是兴趣。兴趣是一种强大的精神力量，它可以使人集中精力，获取知识。当一个人对某一事物有兴趣时，就会对它产生特别的注意力，表现出感知敏锐、记忆牢固、思维活跃、情感深厚、意志坚强等特点。如果一个人从事的是他感兴趣的事，那么即使面对重重困难他也绝不灰心丧气，而能百折不挠克服它。

美国曾对2000多名著名科学家进行调查，发现他们中间很少有人为谋生而工作，而大多出于对某一领域问题的强烈兴趣，从而不计名利报酬，忘我工作，他们的成功与他们的兴趣紧密联系在一起。相反“牛不喝水强按头”是不会取得好效果的，当然也不可能充分发挥人的天赋，充分发挥人的聪明才智。

兴趣是事业成功的重要因素，兴趣是行动的动力。英国著名女人类学家古道尔从小喜欢生物，她中学毕业后，对黑猩猩的强烈兴趣使她不畏艰险，只身进入热带森林与黑猩猩一起“生活”了10年之久，并获得了极宝贵的第一手资料，为揭开黑猩猩的秘密做出了贡献。

苹果公司创始人、掌门人乔布斯在斯坦福大学2005年毕业典礼上演讲时，讲过一段自己的故事：在17岁那年，我上了美国著名的里德大学，可是仅仅6个月之后，我就退学了。我终于可以不必去读那些令我提不起兴趣的课程了。然后我可以去修那些看起来有点意思的课程。我跟着我的直觉和好奇心走，到过很多大学，此后被证明这是无价之宝。

如何培养兴趣？有一种有效方法，这就是在“兴奋点”中形成自己的“兴趣点”。首先要认识兴奋与兴趣的关系，两者既相互关联又有区别。兴奋是情绪的、激动的，兴趣是知性的、冷静的；兴奋是浅表的、短暂的，兴趣是智慧的、投入的。然而，兴奋是兴趣的前奏，兴趣是兴奋的升华。

六、个性天赋

胡锦涛同志在清华大学百年校庆时首次提出，保护个性，彰显本色，发挥优势潜能，才能成为创新人才。2014年，习近平总书记在中国科学院院士大会上提出，要按照人才成长规律，改进人才培养机制，要顺应天以致其性，避免急功近利，拔苗助长。

什么叫个性，简单说，就是天赋，一般表现为兴趣、爱好、特长。没有个性，就没有创造性，就没有人才。

我国著名音乐家和翻译家薛帆先生，翻译出版了100多个国家两千多首歌曲，是最早把《莫斯科郊外的晚上》用中文译出歌词来的人。他出版翻译歌曲集几十本，有人问过他，你在音乐上有这么深的造诣，为什么不创作一些歌曲呢？他说，自己确实学过作曲，也创作，但不成功，于是放弃了。他说人要扬长避短，懂得歌曲理论，不等于能创作出好的歌曲，他说他有自知之明，他是缺少创作歌曲的天赋。

这个例子说明，人生是有限的，能力是有限的，要尽力按照天赋做事情，不要在自己不擅长的事情上浪费时间和精力。要知道自己的长处和短处，懂得自己适合干什么，不适合干什么。在人的发展上，要努力发现每个人的长处，并且最大限度发展这个长处。可以这样讲，努力发现长处，激发的是自信。专门注视短处，激发的是自卑。

我们要努力发现自己的天赋，发展个性，发展优势潜能。这里介绍一个世界著名教育理论——多元智慧理论，这个理论很著名，主要是两个观点：一个观点是不要说哪个人聪明，要说哪个人在哪个方面聪明，不要把人排队成聪明不聪明，每个人都有成才潜质，每个人在某个方面都可以当第一。另一个呢，人的大脑是分区域的，主要是七个区域，有的区管语言思维，有的区管艺术思维，有的区管运动思维，还有的区是管人际关系的思维。你哪个区域发达，哪个区域就是你的天赋，就是你的优势潜能，就是你的长处，你就最大限度用心去发展，你肯定会成为某个方面的创新人才。

最典型例子，中国残疾人艺术团弱智青年指挥舟舟，智商三十多，生活能力相当于三岁儿童，走向舞台中央需要有人引导，然而一旦占据舞台中央，任何复杂交响乐曲如贝多芬的、莫扎特的他都可以指挥自如，这被称为舟舟现象。那么，用多元智慧理论解释舟舟现象就很有道理了。舟舟这七种智能中，最为发达的是艺术思维，艺术智能，这是他的天赋，是他的优势潜能，是他的长处。每个人都有自己的优势潜能，都有自己的长处，只要发挥出来，你就是人才。

我们每个人也应该用多元智慧理论来重新认识自己，这些智能中肯定有一种是你的强项。要清楚自己是属于哪一种类型的，自己的奋斗目标是否符合自己的智能类型，自己还有哪些潜能没有得到充分发挥，从而科学认识自己，定位自己。

每个人都需要清醒认识自己的天赋，认识自己的发展方向。你要知道自己是个什么样的人，有什么优点和缺点，有什么特长和潜能，知道自己适合干什么，不适合干什么，对自己的发展做到心中有数。

2007年美国著名的盖洛普公司对世界三十年最优秀人士，搞了一个系统研究，他们发现最优秀人士获得最优秀成绩的主要原因，来自于他们职业上充分发挥了他们天赋的能力。该公司提交了一个研究报告，有四个观点非常好：第一，每个人都有天赋，只不过摆错了位置或者没有努力发掘出来；第二，每个人的天赋都是持久而独特的；第三，只要找到天赋，并把它在正确的地方发挥出来，你我都是快乐天才；第四，每个人的最大成长空间在于他最擅长的领域。

纵观人类文明史，所谓的天才，都是某个领域的出类拔萃者和杰出代表。人才的成长和造就，往往取决于能否及早发现天赋，顺从其爱好，并坚持不渝地发展下去。

陈景润从厦门大学数学系毕业后被分到中学教书，他不善言辞、不善表达，是一个不合格的中学教师，表达是他的弱项，不是他的天赋，不是他的优势潜能，不是他的长处。后来调到中科院数学所把他的智能强项天赋思辨发挥到极致，终于成为杰出数学家。

天赋对成就一个人的事业至关重要。如果我们能长期从事自己十分喜欢又极具天赋的领域，干事创业便是人生的一大幸事。借天赋做事，一定会顺天从人，得心应手，如帆得风，如鱼得水。

不管干哪一行，你首先必须看看你是不是干这行的“料”。俗话说，“女怕嫁错郎，男怕投错行”，强调的就是这个“天赋”。过去京剧收徒极为看重天赋，“祖师爷不要你”，就是对那些没有京剧天赋，苦练不成的人讲的。

过去我们总认为每个人最终成功主要在于刻苦努力，拒绝排斥人的天赋，好像人生秉性能力一样，不存在差别。爱迪生有句名言鼓舞了很多人，就是“天才是99%的汗水加1%的灵感”，只要刻苦就能成才。实际上爱迪生还有一句更能体现他本意的话，就是“但这1%的灵感远远比那99%的汗水更重要”。一个五短身材的女孩，哪怕她再刻苦一百倍，也达不到杨丽萍跳孔雀舞的水平。如果她将这份刻苦用在举重竞技中，说不定能拿到世界冠军。顺应天赋不是不要刻苦努力，只是这份刻苦必须符合人的科学发展需要。

许多人才成长事实证明，真正能够发挥天赋的领域并不一定是他所学的专业，也不一定是从事了一辈子的职业，也许最初仅是一种爱好，甚至只是一次歪打正着的偶然闯入。

哥白尼是一个业余的天文学家，他一生都在教会里度过，学过数学、绘画、宗教法和医学，甚至还曾为波兰地方议会提供过一套“改进币制方案”，所以他从来不是专职的天文学家。

爱因斯坦完成他的相对论的时候，从事的是在瑞士伯尔尼专利局的职务。他和朋友成立了一个业余性质的奥林匹克科学院，业余时间一起讨论当时重要的科学话题，值得注意的是，他和当时的物理界并无联系。

据说大数学家高斯上小学时，老师出了道算术题，让每个学生从1加到100，当同学们都在紧张依次相加时，高斯早早地小声报告出了5050的答案。高斯从未学过“等差数列”求和的运算公式，他只是凭着自己超常的数学天赋。我们环顾四周，放眼古今，确实有些人生来就对某个方面独具天分。哪怕知之不多，却极具灵气，一点就通，一通皆通，触类旁通。

每个人的天赋、能力、品质是不一样，有的人适合从事这方面的事，而有的人就不合适。打个比方，有的人擅长销售，可以把东西卖得很火，有的人干这个就不行。有的人手巧，适合做技术工作、动手工作，如果搞理论研究，很可能不成功。笛子是竹子做的，但竹子有千万种，不是都适合做笛子。很多人可能没发现自己的能力天赋到底在哪，能够发现自己的天赋能力这是一种幸运。如果做一件事情本身让你感到非常快乐，那就说明你的天赋就在这里。

总结已经过去的20世纪的时候，美国一些资深心理学家这样讲，我们20世纪最大的悲剧不是恐怖的地震，不是连年的战争，甚至不是原子弹投向日本广岛，而是千千万万的人活着然后死去，却从未意识到他们身上存在着巨大的天赋潜能。

把握人的发展规律，发挥人的天赋，是确立成才方向的首要问题。一个人只有具有了较强的社会适应能力，把个人成长追求与社会需要紧密联系起来，其自身的天赋才能得到充分发挥，才能成为社会需要的有用人才。发挥自身优势，要对自己有客观的把握，要有一个准确的定位，找寻自己的优势和天赋，选择最能发挥自己专长和兴趣的方面作为自己的成长定位。要利用现实条件，全面分析现实条件提供了哪些有利因素、哪些不利因素，这些因素哪些可以直接利用，哪些能够改善和转化，哪些需要暂时等待，哪些可以克服，在此基础上明确成才定位。